Schriften
der Straßburger Wissenschaftlichen Gesellschaft in Heidelberg
Neue Folge 10. Heft

Drei Untersuchungen zur Geschichte der Mathematik

I. L. Eulers und J. H. Lamberts Bemühungen um die Herausgabe der Werke Keplers

II. Leibniz, Arnauld und de Nonancourt und die Elementarmathematik im XVII. Jahrhundert

III. Fatio de Duilliers wiedergefundene Abhandlung Sur la cause de la Pesanteur, ediert

von

K. Bopp,
Heidelberg

1929

WALTER DE GRUYTER & CO.

VORMALS G. J. GÖSCHEN'SCHE VERLAGSHANDLUNG — J. GUTTENTAG, VERLAGSBUCHHANDLUNG — GEORG REIMER — KARL J. TRÜBNER — VEIT & COMP.

BERLIN UND LEIPZIG

Drei Untersuchungen zur Geschichte der Mathematik

I. L. Eulers und J. H. Lamberts Bemühungen um die Herausgabe der Werke Keplers

II. Leibniz, Arnauld und de Nonancourt und die Elementarmathematik im XVII. Jahrhundert

III. Fatio de Duilliers wiedergefundene Abhandlung Sur la cause de la Pesanteur, ediert

Mit 2 Figuren im Text und 2 Tafeln

von

K. Bopp,
Heidelberg

1929

WALTER DE GRUYTER & CO.

VORMALS G. J. GÖSCHEN'SCHE VERLAGSHANDLUNG — J. GUTTENTAG, VERLAGSBUCHHANDLUNG — GEORG REIMER — KARL J. TRÜBNER — VEIT & COMP.

BERLIN UND LEIPZIG

Druck: Hermann Böhlaus Nachfolger, Hof-Buchdruckerei in Weimar

I.

Leonhard Eulers und Johann Heinrich Lamberts Bemühungen zur Herausgabe der Werke Keplers.

In Bd. III der Procès-Verbaux de l'Académie de St.-Petersbourg 1771 bis 1785 finden sich folgende auf unsern Gegenstand bezügliche Einträge:

1. S. 81: Außerordentliche Versammlung *15 Febr. 1773:* Der Conferenz-Secretair theilte endlich der Versammlung noch folgende drey Briefe mit:

II. Von dem H. von Murr aus Nürnberg vom *30t. January* der der Academie einige seit 1721 in Frankfurth am Mayn verborgen liegende Kepplersche Handschriften käuflich für 1000 Rubel anbietet.

2. S. 90: *26. Avril Vendredi:* Le Secrétaire lût une Lettre de Mr. de Murr, Patricien de Nüremberg, à Mr. le Conseiller de Collèges de Kosizki, datée de Nüremberg le *8. Avril.* Il envoit une liste des manuscripts du célèbre Kepler, qui se vendent à Francfort sur Mein, dans la maison de la veuve Trümmer, et il les offre pour deux mille roubles à sa Majesté l' Impératrix. Comme son Excellence Mr. le Chambellan de Rjevski, en envoyant, cette lettre à la Conference, avoit fait dire que sa Majesté ordonne à l' Académie et en particulier au Professeur Euler le père de lui faire savoir par écrit son sentiment sur cette collection de manuscripts, le Secrétaire lût aussi *une lettre que ce même Mr. de Murr* lui avoit adressée en particulier et qui contient encore divers détails qui regardent cet achat. Ladessûs fût resolû que Mr. Euler le père communiquera dans la première séance son sentiment d'après lequel les autres Académiciens conformeront aussi les leurs.

3. S. 91: *29 Avril.* Lundi. 1. Monsieur Euler le père présenta et communiqua son sentiment sur la collection des manuscripts du célèbre Kepler, dont il a été question dans la dernière séance du 26 de ce mois. Messieurs les Académiciens y consentirent unanimement et il fût résolû de remettre à Son Excellence Mr. de Rjevski ce sentiment et d' en garder une copie à l' archive.

4. S. 98: *12 Aout. Lundi.* 2. Lû une lettre de Mr. de Murr, datée de Nürenberg le 24 Avril 1773 et présenté un exemplaire de sa critique d'un ouvrage de Mr. Lessing qui a pour titre Laokoon, avec huit planches de figures de mathématiques, qui appartiennent probablement aux Lettres du célèbre Kepler qui n'ont pas encore été publiées, et enfin, deux catalogues de livres pour la plupart anciens avec leurs prix qui sont à vendre à Nurnberg.

5. S. 106: *15. Novembre.* Vendredi. 2. Lû une lettre de son Excellence Mons. le Comte, dans laquelle Son Excellence fait savoir, que sa Majesté a fait

pour l'Academie l' acquisition de tous les manuscripts du célèbre Kepler. Le catalogue en a été remis à l'Archiv.

6. S. 126: *1774, 28. Avril,* Lundi. 6. Lû une lettre de Mr. de Murr Patricien, daté de Nuremberg *le 5. Avril.* Il se rejouit de ce que Sa Majesté l'Impératrice ait fait pour Son Académie des Sciences l'accquisition des manuscripts du celèbre Keppler, pour lesquels il s'étoit toujours beaucoup intéressé. Il envoit un catalogue de ces manuscripts écrit de la main propre de feu Mr. Hansch. Il y joint aussi le catalogue de quelques livres de peu de valeur qui se trouvent dans le même envoi e. c. t.

7. S. 138: *30. Juni, Lundi.* 4. Lû enfin une lettre de Mr. de Murr, qu'il a adressée au Secrétaire, de Nüremberg *18. Juin.* Il y donne quelques détails sur la façon dont on s'est pris pour acheter les oeuvres manuscripts du fameux Kepler, et il offre aux amateurs e. c. t.

8. S. 144: *22 Aout, Vendredi.* 4. Lû un extrait du journal de la Commission Académique du *7. de Juillet,* et communiqué de sa part le Catalogue des manuscripts du célèbre Kepler, dont sa Majesté notre très gracieuse Souveraine à fait présent à l'Academie, avec la copie de la lettre que Mr. le Cons. de Collège de Kosizky à écrit à ce sujet par ordre de l'imperatrice, à la Commission. Comme la volonté de sa Majesté est que l'Académie fasse usage de ces manuscripts en en publiant ceux qui pourroient intéresser les savans, la Conférence chargea Mr. Krafft et Lexell de les parcourir et de faire un choix de ceux qui de préférence méritent d'être rendûs publics.

9. S. 210: *1775, 12. Octobre, Lundi.* 5. Le Sécrétaire lût *une lettre de Mr.* le Directeur, qu'il venoit de recevoir et qui est datée de Moscou le *5. Octobre.* Mr. de Domaschnev y fait savoir que sa Majesté l'Impératrice désire être instruite du contenu des manuscrits du célèbre astronome Keppler, dont Elle avoit fait, il y a quelque temps, l'acquisition pour la Bibliothèque de l'Académie, et qu'Elle souhaite surtout savoir si l'Académie en pourroit faire quelque usage? Un extrait du journal que la Commission Académique envoya peu après à la Conférence contenoit de la part de Monsieur le Directeur la même déclaration. Surquoi Messieurs les Profs. Krafft et Lexell qui avoient déjà parcouru une partie de ces manuscrits se chargèrent d'en faire leur rapport à la première séance prochaine des Conférences, qui ensuite sera envoyé à Monsieur le Directeur.

10. S. 921 Register: Keppler (Ioa).

Catalogus manuscriptorum ill. Keppleri ab Imperatrice Catharina II Academiae dono datorum 144, 210*. Huit planches de figures de mathematiques, qui appartiennent probablement aux Lettres du célèbre Kepler 98. 106. 126.

Kepplerische Handschriften seit 1721 in Frankfurth am Main verborgen 81. 90*—1. 106. 126. 138.

Eulers Gutachten vom 29. April 1773 über den Ankauf von Keplers M. S. 1. S. fol. H. 84 hat sich erhalten Eneström, Jahresb. der D. Mathem. Vereing. 22. S. 202 Bd. 1913.

Im Proemium zu Ioannis Kepleri Astronomi Opera omnia Ed. Chr. Frisch, Frankofurti et Erlangi, Vol. prim. 1858 heißt es im Bericht der Schicksale von Keplers Ms.: Quae diximus manuscriptorum volumina literis: C, K, E, signata, conservantur in bibliotheca caesarea Viennensi. Reliqua Volumina per varios casus tandem Petropolin translata sunt. Hanschius enim, qui inceptum opus, edendi omnia Kepleri manuscripta, persequi statuerat, adversa afflictus fortuna, praesertim deficientibus imperatoris subsidiis, anno 1721 (?) haec manuscripta Francofurti ad Moenum pro 828 florenis pignori dedit, ibique reliquit, cum non haberet, quo redimere posset, dum vivebat (mortuus est Viennae anno 1749).

Anno domini 1769 vir literatus Murr Norimbergensis, primum in libello „Bemerkungen über Lessings Laokoon" mentionem fecit eorum, quae Francofurti oblivione obruta jacebant, et inde ab eo tempore quanto potuit studio passim omnes fere Germaniae, Galliae, Angliae et Russiae homines literatos et accademias cum privatis literis tum publicis adiit, ut thesaurum illum redimerent et ab interitu servarent. Anno 1774, Eulero praecipue Murri tentaminum adjutore, jussu Catharinae II Russorum imperatricis, manuscripta a vidua quadam Francofurtensi, nomine Trümmeria, quae ea haereditate acceperat, emta sunt (pretio 2000 R) et tradita Bibliothecae academiae Petropolitanae.

Inde ab eo tempore intacti jacebant hi Keplerianae eruditionis thesauri Petropoli, cum primis quidem temporibus socii academiae Kraft et Lexell, ea, quae ipsis digna viderentur, ut typis mandarentur, delegere jussi, rem omisissent.

In der Gothaer Bibliothek [Cod. 711/13] befindet sich ein Briefwechsel von Murrs mit Johann III Bernoulli, dem bekannten Direktor der Berliner Sternwarte. Demselben entnehmen wir folgenden Brief:

30. Jänner 1773.

„Hochzuverehrender Gönner!

Kaum werde ich meine Freyheit entschuldigen dürfen, da ich Ihnen schon aus dem 28. Stücke der Goetting. gel. Anzeigen des Jahres 1768 als ein Fürsprecher (Ehre genug für mich!) Keplers bekannt seyn werde. Ich wünschte, daß Euer Hochedelgebohren in deren Recueil pour les Astronomes von diesen astronomischen Schätzen Erwähnung zu thun beliebten. Sie sind für 1000 Thaler jetzt in Frankfurt am Mayn zu verkaufen, und wer könnte sie am würdigsten herausgeben, als Dieselben. Es würde ein neuer Glanz zum Bernoulli'schen Namen seyn, wenn nicht dieser Namen schon erhaben genug wäre. Für die Berlinische Societät der Wissenschaften könnte wahrlich kein größerer und wichtigerer Schatz gesammlet werden als diese Kepleriana.

Deutschland war im Leben schon undankbar genug gegen den großen Geist, und jetzt will es auch seine Handschriften vermodern lassen.“ Dazu gehört: Lambert an Johann Bernoulli III:

Je passai hier au soir chez Vous, Monsieur et très honoré confrère, mais sans trouver quelque porte qui fut ouverte. C'étoit pour voir comment Vous vous portez et pour Vous remettre la cy jointe lettre de M. de Murr, que j'ai proposée à l'Academie sans qu'il n'y ait eu aucune reponse. Après tout je ne crois pas que quique ce soit veuille offrir ou donner les 1000 florins qu'on demande. Il y a 50 ans environ qu'on auroit pu faire d'avantage. Les tables de Kepler etant alors les seuls en vogue.

Il faudroit encore savoir combien il y a de manuscrits, mais il est inutile de le demander autrement que par pur Curiosité. J'avois le Catalogue de ces manuscripts que j'ai pareillement produit à l'Academie.

M.s de Castillon a pris avec lui la feuille imprimée qui annonce les estampes pour l'histoire naturelle. Il m'a promis de Vous la remettre aujourd'hui, avec un extrait d'une lettre de M. Toaldo, que je lui ai donnée pour en faire usage dans le Journal dedié au Roi. Cet extrait etoit destiné pour Vous et M. de Castillon m'a promis de Vous le remettre aussi.

Je Vous souhaite un entier retablissement et suis avec une parfaite estime

ce 19. févr. 1773 Votre très obeissant Lambert.

Im Briefe vom 19. April 1774 an J. Bernoulli III berichtet von Murr alsdann auch den Ankauf durch Katharina der Ms.

Was den öfter genannten Katalog der Ms. betrifft, so erzählt Frisch im Proemium, daß Michael Hanschius, Dantiscanus, welcher in Leipzig von 1702 an studierte, von 1710—12 lehrte, und später 1717/18 den Briefwechsel herausgab: „Is in alium redacta ordinem fascicula manuscriptorum XXII Vol. compingenda curavit, singulis voluminibus his inscriptis literis:

M	A	N	U	S	C.	K	E	P	P	L	E	R	I
I	II	III	IV	V	VI	VII	VIII	IX	X	XI	XII	XIII	XIV

et	A	L	I	O	R	U	M
XV	XVI	XVII	XVIII	XIX	XX	XXI	XXII

Voluminibus VI—XI insunt epistolae. Vol. I ea, quae Keplerus conscripsit de ‚Hipparcho‘ suo, continet; vol. II, XV, XXI, XXII tabulas, computationes eclipsium et astrologica; vol. III calculos ad stellam anni 1604 pertinentes; vol. IV Harmonia Ptolemaei commentariumque Kepleri; vol. V arithmetica quaedam, stereometriam et libellum contra Ursum. Voluminibus XII, XIV, XX insunt autographa Harmoniae, Comment. in theoriam Martis et tabularum Rudolphinarum; vol. XIII inquisitiones motuum Mercurii, Veneris et Saturni, vol. XVI—XIX chronologica et astrologica.“

Aus den Ms-Bänden VI, VII, VIII, IX hat Hanschius den Briefwechsel herausgegeben; diese Bände VI, VII, VIII befinden sich in Wien, das übrige in Petersburg.

II.

Leibniz, Arnauld und de Nonancourt.

In Bodemanns „Leibniz-Handschriften", Hannover 1895 steht S. 315 in der XXXV. Abteilung: Mathematik unter *Ms. IV, 380a das Druckwerkchen verzeichnet „Francisci de Nonancourt Euclides logisticus e. c. t. Lovan. 1652, 12⁰ mit handschr. Noten von Leibniz". Wer war dieser de Nonancourt, der bisher in der Geschichte der Mathematik noch keine Beachtung gefunden und dessen Büchlein doch Leibniz seiner Randnoten gewürdigt hat? Einigen Aufschluß gibt uns ein von Georg Monchamps über ihn geschriebener Artikel in der „Biographie Belge": Nonancourt, François de, philosophe vivait au XVII siècle. Il appartenait à la noblesse flamande. Il était lié d'amitié avec le célèbre jesuite Grégoire de Saint-Vincent, et en relation avec Chrétien Huygens et plusieurs autres mathématiciens de Belgique, de France et de Hollande. Son principale mérite est d'avoir servi d'intermédiaire entre Clerselier et Gérard van Gutschoven, professeur à l'université de Louvain pour amener ce dernier à soigner les figures de l'édition parisienne de 1664 du Traité de l'homme de Descartes.

Il a publié un petit livre intitulé: Euclides logisticus seu de ratione Euclidea, Louvain 1652 in 12⁰, 71 p. Il y traite des proportions d'une façon assez obscure et à un point de vue fort élémentaire. La préface est d'une vanité qui prête à rire. Huygens qui lui envoya plusieurs fois des compliments écrivant à Fr. van Schooten, apprécie cette production en termes peu flatteurs: „Hercule si non meliore successu in caeteris philosophatur, videtur mihi (de Nonancourt) bonas horas male collocare." Notons cependant que de Nonancourt a été avec Grégoire de Saint-Vincent et G. Wendelen un des premiers en Belgique à admirer le Systema Saturnicum de C. Huygens. — François de Nonancourt était janséniste, ce qui lui a valu d'etre pris à partie dans les écrits satiriques publiés en 1683 par Jean Bapt. Vindevogel à la suite des condamnations romaines des Specimina moralia de Gabrielis.

Als Quellen gibt Georges Monchamps: Corresp. de C. Huygens (La Haye 1888 et suiv. passim. Préface du Traité de l'homme de René Descartes (Paris 1664) — Euclides logisticus. — Monchamps, Histoire du cartésianisme en Belgique (Bruxelles 1886), Bibliotheca Belgica.

Wir glauben nun das Urteil de Monchamps hinsichtlich der Stellung de Nonancourts zur Elementargeometrie stark modifizieren zu müssen und werden diesen Standpunkt aus Leibniz' Wertschätzung für den Belgier begründen können, indem wir ihn aus Leibniz' Äußerungen heraus geradezu als Vorläufer Antoine Arnaulds in der Reformation der Elementargeometrie des XVII. Jahrhunderts erkennen. Seit meiner Dissertation: Antoine Arnauld, der große Arnauld als Mathematiker, Leipzig 1902 (Abhandl. zur Geschichte der Mathematik) ist die Schule von Port-Royal als der Mittelpunkt der methodischen Emanzipationsbestrebungen des XVII. Jahrhunderts von Euklid bekannt, das Verhältnis zu Pascals Elementargeometrie aufgeklärt und Arnaulds Elemente (Nouveaux élémens de géométrie) als das klassische Buch und Vorbild der Elementargeometrien von Malézieu, Varignon, Lamy u. a. aufgewiesen; ich konnte Arnauld geradezu als den Euklid des XVII. Jahrhunderts bezeichnen. Da muß ein Vorgänger, auch wenn er mit seinem Büchlein nicht an den Vollender heranreicht, doch in hohem Maße interessieren, und als Wegbereiter von Arnauld ist er Leibniz erschienen. Leibniz' Anmerkungen zu de Nonancourts Werkchen sind durch das Messer des Buchbinders stark mitgenommen und durch die Kleinheit der Schrift schwer lesbar, aber einiges daraus ist doch erhalten; sie beginnen:

A veteribus satis consideratum est rationem et numerum esse homogeneas quantitates sibique invicem addi et adimi posse. Nota tamen hoc sensu quemadmodum et auctoris nostri et Arnaldi rationem sumi pro quotiente. Sive unius tantum ex duabus quantitatibus rationem habentibus considerari partes, quae dicitur antecedens. — Ratio sive antecedente et consequente considerato alterius est natura nec potest explicari nisi per logarithmos. Est enim idem logarithmus utriusque rationis directae aut reciprocae. Ratio est quantitas comperceptionis duarum quantitatum homogenearum. Quantitas est absolutum, sed solo sensu non verò memoria retineri potest ob praecisionem. Ratio antecedentis ad consequens est ratio constans ex rationibus partium antecedentis ad consequens. Sit $\frac{a}{b}$ · ponatur a aequ. $c + d$, erit $\frac{a}{b}$ aequ. $\frac{c}{b} + \frac{d}{b}$. —

Theorema: Ratio antecedentis ad consequens apotomum componitur ex ratione antecedentis ad nomen maius et omnibus potestatibus rationum nominis minoris ad maius in maius collectis seu $\frac{a}{c-f}$ aequ. $\frac{a}{c} * \frac{1}{1} + \frac{f}{c} + \frac{f^2}{c^2}$ e. c. t., $\frac{a}{c-f}$ aequ. $\frac{a}{c}$ in $\frac{\bar{f}^{|0}}{c} + \frac{\bar{f}^{|1}}{c} + \frac{\bar{f}^{|2}}{c}$ e. c. t. Cum ratio sit quantitas comperceptionis potest tamen etiam sine comperceptione actuali velut gradiendo talis ea actualis comperceptio futura sit, quod fit per alias rationes vel comperceptiones hanc determinantes. sed quidem vel sine antecedente ac consequente ac percipiendis etiam partibus, vel etiam sine illis id fiet hoc fundamento, cognita ratio a ad b, et b ad c determinat et rationem a ad c. unde ratio a ad c hoc sensu dicitur cum ista ex rationibus a ad b et b ad c. sed ut aestimatio eadem ac velut mensura suis compositionibus haberetur opus fuit in aequales partes et quandam scalam dividi. Sit aequ. a ad b ut b ad c et b ad c ut c ad d ac erit ratio divisa in partes aequales a b c et erit $\frac{a}{b} \Pi \frac{b}{c}$ seu $c \Pi \frac{b^2}{a}$.

Weiter:

In Musica citra chordarum prior sonus nil refert ad harmoniam. In Musica dominantur logarithmi: patet ex sectione monochordi. Non posset ipsa sensus serie discriminis prioritatis et posteritatis nisi certa iam determinata quantitas species prodiret, utrobique nempe idem logarithmus ex $\frac{2}{3}$ et $\frac{3}{2}$. Ratio simplex una unitas dicitur. Rationum musicae species aequalitas, inaequalitas. Est sive simplicitas et multipliciens. Multiplicitatis, duplicitas, 3 plicitas, $\sqrt{2}$' plicitas et $c \cdot \frac{a}{b}$ plicit. Rationis antecedentis ad consequentis id est quotientis species: sunt Unitatis numerus, numerus $2 \cdot 3 \cdot \sqrt{2} \cdot \frac{a}{b}$. Unitas, binarius, ternarius, senarius, $\frac{a}{b}$ narius

Duplicitas triplicitati addi non potest. Bene tamen binarius ternario. Duplicitas triplicitati componi potest vel directè vel inversè, directè dat 6-plicitatem, inversè $\frac{2}{3} \infty \frac{3}{2}$ plicitatem sed cessit haec consideratio in continuis rationibus *a* ad *b*, *b* ad *c*. Nam Musicae rationis consideratio, in quibus abest antecedens et consequens non patitur rationum compositionem *a* et *b* et *c* et *d*. Bene tamen $a \cdot b$ et $b \cdot c$ itaque qui terni simul sentiuntur $a \cdot b \cdot c$ scietur ratio $a \cdot b$ et $b \cdot c$ et $a \cdot c$ uno ictu. sentitur ergo et haec compositio. Musica fert rationem rationum seu rationis $a \cdot b$ rationem ad $c \cdot d$. Videamus exemplum rationis 3 ∞ | plicitatis ad 5 | plicitatem. sed quid hoc? R_p ad ϑ eius logarithmus est sive differentia differentiarum.

S. 9: Nova est intellectus operatio compositionis rationum. Prior est (ratio) sumi multiplicatione. Origo scilicet quodammodo rationem *a* ad *c* dum colligo has duas *a* ad *b*, *b* ad *c* itaque et hic usus nunc ex alia sumi. Tametsi characteres rationem ipsius *a* ad *c* ex *a* ad *b* et $\frac{b}{c}$ multiplicatione. Et compositionis ratio intellegi e. c. t. Schluß: et generaliter complures concurrunt considerationes.

Von diesen Leibnizschen Randbemerkungen zu De Nonancourts Euclides logisticus ist die Begründung des allgemeinen Verhältnisbegriffs auf den des Logarithmus hervorzuheben. In einem System, wie das Nepersche, das der 0 einer arithmetischen Reihe ein *b* der geometrischen entsprechen läßt, fällt der störende log 1 nur bei der Berechnung von vierten und mittleren Proportionalen von selbst heraus (vgl. Tropfke, Geschichte der Elementarmathematik II² S. 179). Der begleitende log 1 ist derselbe beim direkten, wie reziproken Verhältnis; Leibniz empfindet die Notwendigkeit der Basisbestimmung. Auch versucht der große „Meisterbildner“ Leibniz hier schon die Einordnung der Proportion in die allgemeinen Rechengesetze (vgl. Ges. Werke ed. Gerhardt, 3. Folge II 3, Bd. 7, Halle 1863, S. 56 Matheseos universalis pars prior). Dagegen macht ihm die Formel $d\int_1^x \frac{dx}{x} = d \log x$ noch Schwierigkeiten, wie aus den Worten „est eius logarithmus sive differentia differentiarum" ersichtlich.

Wann hat Huygens den Euclides logisticus kennengelernt? Am 13. I. 1653 schreibt Fr. van Schooten an Chr. Huygens (Oeuvres I, S. 216): „Caeterum quoniam nuper oblitus eram tibi communicare libellum Domini de Nonancourt, de quo nobis erat sermo, hinc tibi illum nunc simul transmitto, ut quid ille molitus fuerit, tu intellegere studeas, siquidem mihi valde obscurus videtur, ac necdum, cum otium non suppetitat, perlexi". In der Antwort Huygens' vom 17. I. 1653 (ibid. S. 219), beginnend: „Remitto tibi Nonancurtii libellum, quem perlegi attentè" folgen die Worte, die wir aus Monchamps Abriß kennen. Huygens fährt fort: „Alicubi non absimilia ijs profert, quae Pater Gregorius a St. Vincentio circa Proportionalitates ratiocinatur quaeque eum in errores maximos abripuerunt. Sed fortassis ego haec non impune dixero, siquidem jam pridem parata εξετασεος meae refutatio Antverpiâ nunciatur auctore Patre Ignatio ab Ainscom, Patris Gregorij discipulo" (vgl. zu dieser Briefstelle Cantor II³ S. 717). — Ein Urteil des Gregorius über de Nonancourt geht aus dessen Brief an Huygens vom 5. XI. 1659 hervor (Oeuvres II S. 505): „quod jdem approbarunt iudicium Dominus Vendelinus nobilis Astronomus et vir Illustris Dominus Nonancourt, in universa Mathesi apprime versatus, quorum hic familiari fruor consuetudine". Darauf antwortet Huygens im Dezember desselben Jahres (Oeuvres II S. 542) an Gregorius: „Nec minoris aestimo Doctissimi Nonancurtij iudicium quem olim hic me convenisse memini jam tum peritissimum omnis Matheseos quam ego vix degustare coeperam." Noch einmal erscheint unser Autor im Briefwechsel von Huygens (Oeuvres III S. 72) von Gregorius am 26. IV. 1660 erwähnt: „Litteras tuas praelexi Domino Nonancourtio, qui exilijt, ubi intellexit, te hac aestate Parisijs futurum; quo et ipse sub finem Maij pergere statuit. Sperat illic cum varijs Matheseos peritis notitiam et amicitiam una tecum jnire."

In der zweiten Ausgabe von Arnaulds Nouveaux Elemens, Paris, Desprez 1685, machte sich also der Einfluß von de Nonancourts Euclides logisticus geltend, und in einer Besprechung der dritten Ausgabe, la Haye 1690, nach welcher Tropfke zitiert, wird dieses Verhältnis wieder erwähnt. Wir finden diese in den Acta Eruditorum anno MDCLXXXX publicata S. 328: Nouveaux Elemens de Geometrie contenant e. c. t. Editio secunda juxta Parisinum exemplar recusa Hagae Comitum ab Henrico van Bulderen. A. 1690, 8°, Plag. 21: Annus jam vigesimus tertius, ex quo Parisiis primum in lucem prodiere Geometrica haec Elementa, a concinno cum primis ordine, quem ubique servant, se commendantia. Ea vero, cum eruditis adprime placuissent, magis expolienda sibi sumsit postea illorum Autor, et secunda vice A. 1685 edidit, ita tamen, ut secundum et tertium librum, qui de ratione et proportione agunt, maximam partem mutaret, postquam ipsi copia facta fuisset libelli, qui *Euclides logisticus* inscribitur. Cum ergo hoc opusculum denuo Belgarum typis recusum hoc anno fuerit, paucis hoc indicandum duximus, solum ordinem attulisse contenti, cum caetera ex titulo possint cognosci. Es folgt die Aufzählung der einzelnen 15 Bücher der Nouveaux Elemens Arnaulds. Eine Randschrift des Heidelberger Exemplars bezeichnet Martinus Knorr als den Verfasser dieser Anzeige, sie könnte aber auch von Leibniz herrühren. Jedenfalls machte Leibniz in einem Briefe (Bd. I der Gerhardtausgabe) *Vitale Giordani*, der 1686 seinen Euclide restituto herausgab, auf Arnaulds Buch aufmerksam: „Quidam *Nonancurtius* in Belgio libellum de rationibus scripsit quem me videre memini; huius methodum laudat et secutus est Arnaldus (celebris apud Theologos, sed idem in omni doctrinarum genere excellens) in secunda editione libri Gallici, quem inscripsit: Nova Geometriae Elementa.“ Der Name von Nonancurtius kehrt jedenfalls auch in den „Remarques“ Leibniz' zu Antoine Arnaulds Nouveaux Elemens wieder, welche wir hier als neues Dokument für die Geschichte der Elementarmathematik bei Leibniz und als Beitrag zur neuen Leibnizausgabe auf den folgenden Seiten aus dessen in Hannover aufbewahrten Handschriften zur Veröffentlichung bringen.

Leibniz „Remarques sur les nouveaux Elemens de Géométrie Antoine Arnaulds“ (Bodemann S. 287 Vol. I Nr. 21).

A l'egard des definitions preliminaires il y a le meme rapport entre Axiome et Theoreme qu'il y a entre demande et probleme. Ont peut adjouter le lemme qui est une proposition hors d'oeuvre qu'on enploye pour la démonstration. on se sert des lemmes quelque fois comme p. 59.

Quant aux Notes. On peut adjouter que la multiplication se marque en mettant les multiplians ensemble.

Ainsi ab signifie a multiplié par b. je marque la division par deux points entre le dividend et le diviseur ainsi $a:b$ signifie a divisé par b.

les puissances se marquent par les nombres mis audessus comme a^2, a^3 signifie quarrée ou cube d'a. Racine se marque par $\sqrt{\ }$, ainsi $\sqrt{\ }$ or simplement $\sqrt{a}$ ou bien $\sqrt[2]{a}$ signifie racine quarrée comme $\sqrt[3]{a}$ racine cubique. Distinctions, au lieu desquelles ont se sert aussi du vinculum, par exemple $a+b,c$ signifie $a+b$ multiplié par c et $a+b,c,,+\delta\delta$ signifie $a+b$ multiplié par c, et au produit adjouté $\delta\delta$. Ce qui se peut aussi marquer par le vinculum or ligne $\overline{\overline{a+b}\;c}+dd$. mais si on ecrivoit $a+b,\ c+dd$ ou bien $\overline{a+b},\ \overline{c+dd}$ la signification seroit $a+b$ multiplié par $c+dd$. Et il y a quelques fois distinction sur distinction ou vinculum sur vinculum plus d'une fois exemple $a+b,$ $c,,+dd,,,:c$ ou bien $\overline{\overline{\overline{a+b}\;c}+dd}:c$. On peut se passer du vinculum ou de la distinction quand il ne s'agit que de multiplication ou de puissance ordinaire, dont l'exposant est un nombre entier. Car on peut faire les multiplications effectivement. Mais il est bon tres souvent de ne se pas donner cette peine, car il arrive bien des fois qu'on s'en peut passer.

Mais le vinculum ou la distinction est absolument necessaire quand il s'agit de division et de racines, item des puissances extraordinaires. Car toutes les divisions ne sont pas toujours faisables en effet ny les racines inextricables. Ainsi $a + b$, :, $c + d$ signifie qu' $a + b$ soit être divisé par $c + d$. ou il n'y a rien à faire si ce n'est qu'on explique d'avantage ces lettres. Mais s'il y a $a + b$, $c + d$ c'est a dire s'il faut multiplier $a + b$ par $c + d$. cela se peut faire effectivement et il provient $ac + bc + ad + bd$. Le meme a lieu à l'egard des puissances $\overline{a+b}\ 2$ ou $a + b^2$, ou $\boxed{2}\ \overline{a+b}$, c'est le quarrée d' $a + b$, qui se peut donner, il est $aa + 2\,ab + bb$, mais $\sqrt[2]{\ }\ a + b$ ou $\sqrt[3]{\ }\ a + b$ ne se peut donner autrement. Quant aux puissances extraordinaires ont ne peut les donner non plus par exemple $\overline{a+b}^e$ ou $\boxed{e}\ \overline{a+b}$ ou $a + b,^e$ c'est à dire puissance dont l'exposant soit e. Si cet e signifioit 2 ou 3 ou quelque autre entier on la pourrait donner, mais on ne la scauroit donner tant qu'on demeure dans généralité. — Descendant meme à l'espece il n'y a rien à faire quand ce n'est pas un entier. par exemple $\boxed{\frac{1}{2}}\ \overline{a+b}$. Or il est noter que la puissance marquée par la fraction est la même chose que la puissance marquée par le reciproque de la fraction et viceversa. ainsi $\boxed{\frac{1}{2}}\ \overline{a+b}$ est la même chose que $\sqrt[2]{\ }\ \overline{a+b}$ et $\boxed{\frac{3}{2}}\ \overline{a+b}$ est la même chose que $\sqrt[\frac{2}{3}]{\ }\ \overline{a+b}$. il est encor bon de noter que le signe moins dans l'exposant marque une division par exemple $\boxed{m-n}\ \overline{a+b}$ signifie $\boxed{m}\ \overline{a+b}$: $\boxed{n}\ \overline{a+b}$ par consequent s'il y avait $\boxed{-n}\ \overline{a+b}$ cela signifieroit $1 : \boxed{n}\ \overline{a+b}$.

La raison ou la proportion n'a point besoin d'une marque particuliere, celle de la division et de l'egalité y suffisent. par exemple a est à b comme c à d cela exprime ainsi chez moy $a : b = c : d$. c'est à dire le quotient $a : b$ est la meme chose que c divisé par d. car cela a toujours lieu et par cette maniere de marquer tous les theoremes des raisons et propositions se demontrent par luy memes ex calculo.

Liure 1. ad pag. 10 j'appelle les grandeurs incomplexes des nombres, par exemple dans $a + b$ grandeurs complexes, a est son membre, et dans $aa + ab$, de même aa ou ab est un membre.

p. 12 Addition dans les complexes se fait servatis signis.

p. 14 j'ai fait une remarque à part sur la difficulté qu'il y a à l'égard de la multiplication de — par —.

Liure 2. pag. 31 La quantité relative d'une grandeur comparée à une autre est ce qu'on appelle raison. Cette definition est un peu obscure. Etend-il quantité de la relation ? Mais on peut douter si les relations sont susceptibles de quantité. De plus cette definition convient encore à la difference ou à l'exces, item au quotient de la division, item à la difference des logarithmes, item au commun diviseur. Euclide ne dit pas que deux raisons sont égales mais que c'est la même. Selon le langage d'Euclide la raison d'a à b doublée est celle d'a à c quand a à b et b à c sont de la meme raison. A triplée quand a à b, b à c et c à d sont dans la meme raison.

Selon moy la raison est une relation entre deux grandeurs dans laquelle n'entre point une troisième qui leur soit homogène, il est aisé de demonstrer que lors que cette relation est la même, le quotient de la division de l'antecedent par le consequent est aussi le même. Mais de là il ne s'ensuit point que le quotient estant double une raison soit double de l'autre.

Quant on se tient à la definition de la raison par la relation, il n'y a point d'autre quantité à considerer que le redoublement d'une meme relation. suivant cela les raisons sont comme les logarithmes.

Mais le pere Gregoire de Vincent comparant les raisons compare leur quotiens. C'est ce que fait encor M. de Nonancourt *suivi par M. Arnaud. Chacun est le Maître de son langange. mais alors il faut bien donner les definitions. Les musicins estiment plus tost les raisons par les logarithmes comme fait Euclide.

p. 39 e.c.t. on met dix axiomes qui sont toutes fondées sur cela seul que les raisons sont comme les quotiens de l'antecedent divisé par le consequent, ainsi on avoit pas besoin d'un si grand nombre d'axiomes.

p. 48 huit dispositions dans la quelle hypothese quatre grandeurs peuvent estre proportionnelles scauoir $1:2=3:4$ equivalente $3:4=1:2$ permutation $2:1=4:3$ Equivalente $4:3=2:1$. Alterne $1:3=2:4$, equivalente $2:4=1:3$. permutation d'alterne $3:1=4:2$ equivalente $4:2=3:1$. S'il n'estoit pas necessaire de marquer les equivalents c'est comme si on vouloit dire $a=b$ donc $b=a$, $B^a:C=F^b:G$ et $C^c:M=G^\delta:N$ donc $C:M=G:N$

$$\frac{B}{C}=\frac{F}{G},\ \frac{C}{B}=\frac{G}{F}\ \text{perm.}\ \frac{B}{F}=\frac{C}{G}\ \text{altern.}\ \frac{F}{B}=\frac{G}{C}\ \text{altern. perm.}$$

Car $a=b$, $p=q$ donc $ap=bq$. aequalitas ordinata $B:C=F:G$ et $C:X=Y:F$ donc $B:X=Y:G$ aequalitas perturbata. Mais je trouve qu'ainsi ordinata et perturbata ne differoient point, l'une je devois exhiber ainsi $B:C=F:G$, $X:C=Y:G$ donc $B:X=F:Y$ (car $a=b$ et $p=q$ donc $a:p=b:q$).

$a:b=m:n$ donc $a+b,:b=m+n,:n$ et $a-b:b=m-n:n$ le premier est raisonner componendo second est raisonner dividendo. L'auteur remarque, il y pourroit joindre plusieurs autres raisonnements par exemple $a:c=b:c$ donc est $=a+b,:c$ qui est plus simple que le precedent.

Toutes les propositions de nostre auteur fondées sur cecy que lorsque les quotiens des ancedents divisés par les consequens sont egaux les raisons sont les memes seront encor admises selon le langage d'Euclide et des anciens. Mais celles qui sont fondées par ce qu'on a supposé que les raisons sont entre elles comme ces quotiens, ou tout à fait les mêmes avec ces quotiens ne sont pas admises des anciens.

p. 57 Ce ne sont pas les grandeurs concretes ou les choses qui se multiplient à proprement parler mais les nombres.

Liure 3. Ce livre est fondé sur ce qu'on considere les raisons comme les fractions ou comme les quotients des divisions. Et ainsi la composition des raisons est la multiplication de l'une par l'autre. Mais ce n'est pas le style des anciens n'y conforme à leur definition.

p. 78 L'auteur blâme les Geometres qu'ils ont voulu appliquer la composition de la raison par un cas particulier. Mais ils ne sont pas si blamables. Le cas particulier est la clef des autres selon leur langage. La raison d' *a* à *c* est composée de celle d' *a* à *b* et de celle de *b* à *c*. Et de meme la raison d' *a* à *d* est composée d' *a* à *b*, *b* à *c*, *c* à *d*. maintenant justifions par là *a* à *b* et *b* à *c* composées donnent *a* à *c*. par là nous prouverons que la composition $f:g$ et $p:q$ donne $fp = gq$. car soit $f:g = a:b$ et $p:q = b:c$ donc $fp:gq = a:c$ or $a:c$ est composeé des raisons *f* à *g* et *p* à *q*.

je vois par là que la composition des raisons est l' addition des logarithmes.

p. 117 ce qui se dit dans la 3me section du 4me livre touchant les nombres figurés et surtout les sommes des progressions est trop borné on a des ouvertures plus grandes la dessus.

Le Liure V des nouveaux Elemens de Géométrie.

Les liures precedens traitoient de la grandeur en generale, ou du nombre indefini. Maintenant commence la géometrie.

p. 146 Ce qu'on dit de longueur, largeur et profondeur n' explique rien car on n'en a que des idees confuses.

De dire que les idees de la droite et de la surface platte sont si simples qu'on ne doit pas leur dessigner une definition n'est pas bien. Car on a de la peine de demonstrer certaines proprietes de la droite et du plan faute de definition.

p. 147 On ne peut point dire en parlant juste que le point n'est que la ligne meme entant qu'on y considere que la negation d'une plus longue estendu le point n'est pas la ligne, mais il appartient à la ligne: l'extreme de la ligne qui n'a plus d'autre extreme.

p. 148 on donne cette definition de la droite qu'elle est la plus courte entre deux points. Mais comment prouver par cette definition des proprietés de la droite par exemple qu'il n'y a qu'une d'un point à un autre au lieu que dans la surface spherique il y a plusieurs minimae d'un point à un autre.

En expliquant l'axiome d'Archimede il falloit dire ce que c'est que creuse vers la meme part. La figure n'eclaire que l'imagination, il falloit aussi rendre raison. j'ay rendu raison des proprietés de la droite en la definissant que c'est une ligne partout semblable à elle meme.

D'ou se tire qu'elle n'est determinée que par deux points. Et or cela etant elle demande le moins pour sa determination. d'ou il s'ensuit qu'elle sera la plus simple de toutes les manieres et aussi la plus courte. Corr. Supposé que la courbe differe aussi peu qu'on veut d'une multitude de droites et supposé qu'une droite soit plus courte que plusiurs entre memes extremites ce qui se peut demonstrer, il s'ensuit que la droite est plus courte que la courbe.

p. 149 le sixieme axiome que deux droites qui estant prolongées vers un meme coste s'approchent peu à peu se couperont à la fin n'est point vraye si on ne suppose qu'elles soyent dans un meme plan. Et il paroist d'autant plus que cela a besoin de preuve. La raison est encor dans la similitude de la droite car tout ce qui se diminue uniformement comme icy la distance, evanouit enfin. Hors du plan elle ne se diminue pas uniformement.

p. 152 il n'est pas vraye que la ligne circulaire est dans une entiere uniformité comme dit le troisieme axiome. Car les arcs inégaux d'une meme circonference ne sont point semblables entre eux. Mais il est vraye que les parties sont congruentes successivement ou que l'une peut arancher sur l'autre.

p. 153 en definissant la perpendiculaire on employe le mot pancher qui n'a point de definition arrestée il faut plus tost dire que la perpendiculaire a le meme rapport aux deux segmens de la droite qu'elle coupe perpendiculairement.

p. 154, 155 On donne une bonne raison de l'axiome. Mais elle a besoin d'estre expliquée plus distinctement. Cela se peut faire ainsi. La droite est determinée par deux points c, δ or ε, dont le meme rapport à A et à B, donc toute la droite $c\,\delta$ a aussi le meme rapport à A qu'il a à B.

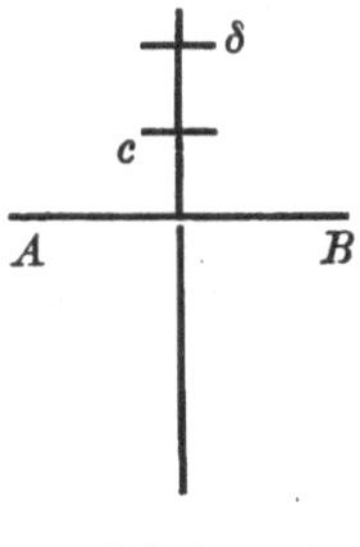

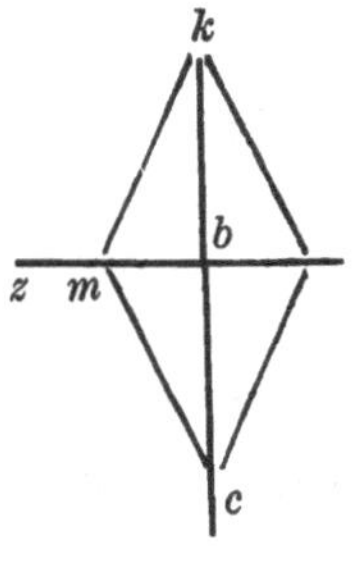

p. 148 La preuve que la perpendiculaire est la plus courte d'un point à une droite est belle. soit $kb = bc$ dans $z\,b$ prenes m, joignes km, cm or $km = cm$. car kb, bm et l'angle kbm sont egales à cb, bm et l'angle cbm. ce qui determine km et cm or kc est moindre que kmc donc la moitié de kc c'est à dire kb est moindre que la moitié de kmc c'est à dire que km.

p. 149 seqq. on dit des bonnes choses des perpendiculaires. on n'en peut elever qu'une d'un point d'une ligne, l'autre estant plus de l'un ou de l'autre coste, cela s'entend dans un meme plan. D'un meme point on ne peut mener plus qu'une perpendiculaire. Cela se prouve par la preuue que la perpendiculaire est la plus courte car on a fait voir que tout autre est plus longue. si deux perpendiculaires se rencontroient, deux perpendiculaires pourroient estre tracees d'un point à une meme ligne. Donc les points (d'un plan) egalement distans de deux points donnes sont dans une meme droite. les lignes obliques menées d'un point à une meme ligne sont plus longues plus elles sont eloignees du perpendicule. par la maxime d'Archimede et par l'adresse dont on s'est servi pour monstrer que la perpendiculaire est la plus courte. paralleles sont qui sont toujours egalement distantes.

p. 53 pour mesurer les angles par des arcs de cercles ou le centre desquels est leur sommet l'auteur le fit de ce theoreme fondamental: tout angle compris entre une tangente et une corde a pour mesure la moitié de l'arc soutenu par cette corde du coste de la tangente.

Andere Fassung auf dem dritten Bogen:

Sur le liure cinquième des nouveaux Elemens de geometrie qui commence à traiter de l'Estendue. On dit fort bien que:

L'estendue est une grandeur continue permanente, mais on se sert incontinent apres de dimensions, longeur, largeur et profondeur sans expliger ce que c'est. j'en ay donné des notions distinctes. l'auteur ne veut point qu'on definisse le plan et la droite, ce seroit n'en point donner de notion distincte et un peu après il la definit que c'est la plus courte estendue entre deux points. il veut aussi qu'on doit commencer par la ligne, mais comme il suppose les lignes dans un meme plan, il est manifeste qu'on se sert de la notion du plan au delà superfl.

il se sert par après de cet axiome d'Archimede si deux lignes sur le meme plan ont les extremités communes et sont creuses vers la meme part celle qui est contenue est plus courte que celle qui la contient. Mais il falloit appliquer ce que c'est que d'estre courbe ou creux et de meme part, et ce que c'est d'estre contenu.

Lors qu'une ligne est commune à deux surfaces ce qui est dans l'une des surfaces est d'une part ou d'un coste, et ce qui est dans l'autre surface est de l'autre costé. Une ligne est courbe quand les deux costés different. le creux est du costé ou est la ligne droite qui unit les deux extremités.

Une ligne est contenu dans l'autre lors qu'elle est dans son espace c'est à dire dans l'espace qu'elle enferme avec la droite qui joint les extremités. L'axiome pourroit estre demonstré en considerant la courbe comme la determination d'un polygone rectiligne et le demonstrant generalement dans ce polygone. Mais il est prematuré de marquer cette proposition au commencement de la Geometrie comme si c'estoit le premier de ses Axiomes. C'est une proposition generale mais du nombre de celles qui ont besoin de propositions plus particulieres pour estre demonstrees.

Le seconde axiome qu'on demande c'est ainsi que parle l'auteur d'ayant deux points donnés on peut mener une ligne droite de l'un à l'autre et l'on n'y en peut mener qu'une. laquelle par consequent est l'unique et naturelle mesure de la distance entre ces deux points. s'y remarque premierement qu' Euclide distingue la demande de l'axiome appellant demande par rapport aux problemes ce qu'il appelle Axiome par rapport aux Theoremes.

Mais icy ont joint ensemble l'un et l'autre. Car de dire qu'on peut mener une droite d'un point à un autre point c'est une demande et de dire qu'on n'en peut mener qu'une c'est un axiome. il est vraye qu'il seroit à souhaiter que cet Axiome fut demonstré et mis en theoreme. Car dans la surface sphérique on peut tirer plusieurs lignes egales entre elles mais plus courtes que toutes les autres d'un pole à l'autre. Ainsi il n'est pas toujours necessaire que la plus courte soit unique.

Troisieme Axiome on demande la simplicite de la ligne droite fait qu'en ayant une partie on l'a peut prolonger de part et d'autre jusques à l'infini. c'est à dire tant, que l'on veut. D'ou il s'ensuit que deux points estant donnés toute la ligne droite est donné. Remarque: la prolongiation de la ligne droite à l'infini vient de la similitude de la partie avec le tout. Car puis que la partie est prolongé dans le tout, il faut que le tout soit prolongé de meme dans un tout plus grand.

Quatrieme Axiome: si une ligne est courbée sur l'autre en une de ses parties, elle le sera en toutes pourvu que l'une et l'autre soit partagée autant qu' il faudra. Rem. c'est que deux droites ne pourront avoir un segment commun, comme parle Euclide.

Cinquieme Axiome. Deux droites ne se peuvent couper qu'en un point. Remarque: cet Axiome est deja compris dans le second.

Sixieme Axiome: deux droites qui estant prolongées vers un même costé s'approchent peu à peu, se couperont à la fin. Remarque: il faut adjouter quelles sont dans un meme plan. la droite AB coupe le plan indefini en deux parties congruentes ABC et ABD et la droite am en deux autres congruentes aNm et apm.

On met apres cela des definitions pour la ligne circulaire mais on y commet la même subreption qu' Euclide en prenant sans preuve que la droite qui passe par le centre du cercle le coupe egalement.

Cela se prouve par cette definition de la droite qu'elle coupe ce plan de meme de deux costes, ainsi ce qui est de l'un costé de la droite se trouve aussi de l'autre, et comme le centre est dans la droite le centre se tient aussi de meme manière envers l'un et l'autre costé puisque aucune difference ne vient de son costé. On peut dire aussi que puisque la droite a le meme rapport aux deux sections le cercle decrit d'un point de la droite aura aussi le meme rapport et sera partagé egalement entre elles.

Premiere demande sur le cercle qu'on le puisse decrire ex centro et intervallis datis. pour cela il faut supposer qu'une droite puisse estre mobile dans ce plan, une extremité demeurant immobile; Remarque: cecy meme paroist une consequence de l'uniformité de l'espace à l'egard de la sphère et de l'uniformité du plan à l'egard du cercle. Car un point dans un espace ou dans un plan a le meme rapport de tous costes. Mais il merite d'avantage de prouver que tout etendue exepté la droite et generalement tout corps est mobile quoique deux points en luy soyent immobiles. C'est à dire qu'une droite dans l'espace se rapporte egalement de deux costes par rapport à l'espace lorsque ce qu'on fait se rapporte egalement à elle.

Seconde demande d'une droite donnée indefinie retranche une portion egale à une droite donnée cela se peut faire par ce moyen d'un compas à jambes qui transfère l'une sur l'autre. Remarque: Ce seroit le meme, si l'on transferoit une droite mobile. Mais Euclide n'a point voulu employer sans necessité la translation des lignes pour resoudre les problemes, il a bien voulu se servir de la superposition pour les demonstrations. Et je trouve qu'il n'a point tort. Car c'est pousser l'analyse plus loin lorsque'on se sert de moins de demandes.

Troisieme (demande) Axiome. la ligne circulaire est uniforme par tout et par consequence les circonferences d'un intervalle egâle sont egales d'un moindre moindres. Remarque: cela sort non pas de l'uniformité du cercle mais de la nature de la position. car le centre et le rayon donné le cercle est donné, donc lorsque les points ne different de position il n'y a point de difference entre les cercles que dans la position. l'auteur en infere aussi que lors que le rayon est moindre la circonference est aussi. cela s'en fait aussi de la determination. car tous les cercles sont semblables entre eux parce qu'ils sont determines de meme. donc les rayons sont proportionels aux circonferences. Ce qui est plus que de dire que les circonferences des rayons moindres sont moindres.

Quatrieme Axiome: les degrés de circonferences egales sont egales. Remarque: comme les degrés sont une chose arbritaire on diroit plus geometriquement les arcs qui ont le meme rapport à leur circonference sont egales soit que les circonferences le sont. l'auteur en rend cette raison, que les parties aliquotes pareilles des grandeurs egales sont egales. On n'avoit donc point besoin d'en faire un axiome nouveau.

Cinquieme Axiome. les cordes des arcs egaux du meme cercle sont egales c'est (dit l'auteur) une suite de l'uniformité du cercle; il falloit seulement dire que les parties egales d'une meme circonference sont congruentes d'ou il s'ensuit que leur extremités sont egalement distantes.

Sixieme Axiome. toutes les lignes tirées du centre plus petites que le rayon sont dans le cercle, or les plus grandes en sortent, et on leur extremité en dehors; il me semble qu'on avoit point besoin de cet Axiome qui est une suite de la nature deja accordée de la ligne droite.

Sixieme Axiom. lors qu'on a d'une droite l'une des extremités donnée de position et sa longeur, son autre extremité doit estre dans la circonference du cercle decrit par un intervalle de cette longeur donnée. Voilà des axiomes bien inutiles, on se moqueroit terriblement d'Euclide s'il en avoit posé de tels. cet axiome pretendu n'est autre chose que la definition du cercle.

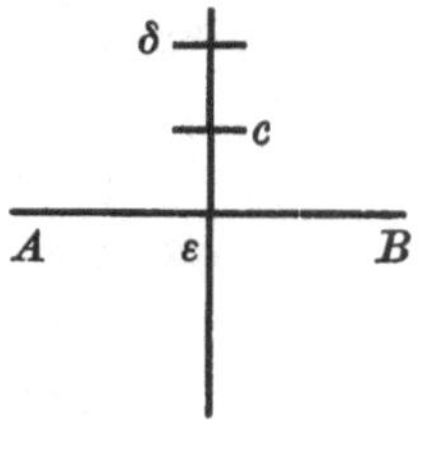

definition de la perpendiculaire: lorsque deux points A, B de la ligne droite coupée estant près egalement distans de l'un des points c de la ligne coupante tout autre point δ ou ε de la ligne coupante se trouvera aussi, estre egalement distant de ces deux points de la ligne coupée. La coupante est perpendiculaire à la coupée. Remarque: je crois qu'il suffit de dire que lorsque la ligne coupante a le meme rapport aux deux parties de la ligne qu'elle coupe, elle luy est normale; or ces deux parties sont determinées par le point d'intersection ε et par les points A et B, donc la coupante est à εA e. c. t., comme à εB e. c. t., donc à A, comme à B, $A\varepsilon$ est egale à εB: il en faut tirer cette consequence que la perpendiculaire est reciproque. L'axiome que l'auteur met après n'est autre chose que cette definition. La definition prise pour un corollaire de la nostre definition du rapport conforme devient theoreme, et elle suit de ce que deux points determinant la droite coupante, donc deux points de la coupante ayant le meme rapport, tous les autres l'auront aussi.

So weit Arnaulds Kritik durch Leibniz, welche uns wichtige Aufschlüsse gibt über Leibniz' Stellung zu Arnaulds Reformwerk, zugleich aber auch seine eigenen kritischen Gedanken zur Elementargeometrie enthüllt und somit die Ergänzung liefert zu den schon publizierten Stücken der Gerhardtausgabe. Wir wissen, wie hoch Leibniz Arnaulds Bedeutung schätzte und das Ringen um Klarheit in den geometrischen Grundbegriffen zwischen den geistesmächtigen Kämpfern erscheint eingeordnet in die produktive Stellungnahme, welche Leibniz in kritischen Berichten oder gründlichen Referaten oder in dieser Form der „Remarques" zu allen mathematischen Neuschöpfungen seiner Zeit einzunehmen pflegte.

Zum Schlusse wollen wir noch einmal auf die Nachwirkungen von Arnaulds klassisch gewordenem Elementarwerk zu sprechen kommen. In meiner Dissertation: Antoine Arnauld, der große Arnauld als Mathematiker, Sonderabdruck aus dem XIV. Heft der Abhandlungen z. Gesch. d. Mathem., habe ich den Einfluß herausgearbeitet, den Arnauld auf das Buch von Malézieu hatte. An diese geschichtliche Stelle (S. 247 l. c.) möchte ich nochmals erinnern: „En 1696 feu M. le Duc de Bourgogne [1682—1712, vgl. M. Cantor, Vorlesungen III³ S. 14/15] étant venu en âge d'apprendre les Mathématiques, Mad^e^. de Maintenon porta le Roi à confier cette partie de son éducation à M. de Malézieu, tandis qu'il donneroit à M. Sauveur les deux autres Enfants de France." Während wir über den Unterricht dieses Enkels Ludwigs XIV. durch Malézieu in jeder Einzelheit orientiert sind, hat uns ein glücklicher Zufall auch das Unterrichtsmanuskript Sauveurs erhalten. Es tauchte kürzlich im Handel auf, und wir hatten Gelegenheit es einzusehen. Der Titel lautet:

Elemens de Geometrie
à L'usage de Monseigneur le Duc d'Anjou et de Monseigneur
le Duc de Berry, 1697.

Bertrand in seiner: L'Académie des Sciences et les Academiciens de 1666 à 1793, Paris 1869 gibt S. 252 ein Bild des durch seine akustischen Forschungen später berühmt gewordenen Verfassers, aus dem wir einiges hervorheben: „Sauveur, que les écrits de Cicéron et de Virgile avaient laissé fort indifférent, fut charmé par l'arithmétique du Pelletier du Mans. — Les géomètres de ce temps-là, étaient rares, et vivaient, dit Fontenelle, séquestrés du monde; Sauveur, au contraire, s'y livrait complétement; quelques dames même aidèrent à sa réputation, et il devint bientôt le géomètre à la mode et le professeur des plus grands personnages; les enfants de France furent au nombre de ses élèves." — Sauveur calcula pour Dangeau, l'avantage du banquier contre les pontes au jeu de la bassette, qui étant fort à la mode, contribua à l'y mettre lui-même et lui fut plus utile qu'aux joueurs les plus heureux; [vgl. Cantor, Vorlesungen III S. 334]. Malgré la haute position qu'il avait sû se créer, il désira longtemps, sans oser la demander lorsqu'elle se trouva vacante, la chaire de mathématiques du Collège royal, occupée d'abord par Ramus, et qui alors se donnait au concours. — C'est en 1686 seulement qu'il osa se présenter, mais devenu célèbre alors il lut sa harangue et l'on s'en contenta." Den Prinzen Eugen, den Herzog von Orléans unterrichtete Sauveur in der Geometrie, 1696 wurde er Mitglied der Pariser Akademie, bis er also im Jahre 1697 berufen ward, die beiden andern Enkel Ludwigs des XIV., den Herzog von Anjou, geb. 1683, den späteren König Philipp V. von Spanien und dessen Bruder, den Herzog von Berri, welcher am 4. März 1714 durch einen Sturz vom Pferde endete, also die beiden Brüder des Herzogs von Bourgogne, der Malézieu zum Lehrer hatte, in der Geometrie zu unterrichten. Das Todesjahr von Joseph Sauveur ist das von Leibniz 1716, geboren ist er 1653 zu la Flèche.

Dieses kostbare Ms., das uns Sauveur in seiner Tätigkeit auf dem Gebiete der Elementargeometrie erst kennen lehrt, besteht aus sechs Büchern; ihnen voran geht ein Traité des Proportions in sechs Kapiteln. Die Überschriften der einzelnen Bücher sind:

I. Des lignes tirées sur un plan in sieben Kapiteln.
II. Des figures planes considerees par les lignes, qui les bornent et qui sont tirees de dans, in sechs Kapiteln.
III. Des Figures planes considerees par leurs superficies ou par l'espace quelles renferment, in vier Kapiteln.
IV. De la rencontre des lignes et des plans, in fünf Kapiteln.
V. Des corps en general, in sechs Kapiteln.
VI. Des corps ou des figures solides considerees par leur solidité, in vier Kapiteln.

Sauveurs Unterrichtskompendium geht also im Gegensatz zu Arnaulds Nouveaux Elemens auf die Behandlung der Stereometrie ein. Das Ms. ist von bester Erhaltung, die jedem einzelnen Buche beigegebenen Tafeln der Figuren von sorgfältigster Ausführung, würdig des Lehrers und seiner königlichen Prinzen. Ein neuer, nicht unwichtiger Fund zur Geschichte der Elementargeometrie, welcher vorstehende Untersuchung galt!

III.

Die wiederaufgefundene Abhandlung von Fatio de Duillier: De la Cause de la Pesanteur.

Schon in der Einleitung zu unserer Ausgabe von Johann Heinrich Lamberts Monatsbuch (Abh. der Münchener Akademie der Wissensch. 1916, XXVII. Bd.) hatten wir die Existenz der verloren geglaubten Arbeit Fatios im Cod. Gothan. 756 erwähnt. Aber die Bedeutung dieser ersten mechanischen Erklärung der Schwere durch die Ätherstoßtheorie (vgl. Physikband der Encyclopaedie der mathem. Wissensch. A., 2. Gravitation, Artikel von J. Zenneck V S. 53—64) ergab sich erst mit Hilfe von Fatios Biographie im vierten Zyklus der Biographien zur Kulturgeschichte der Schweiz von Rudolf Wolf, welche die Herausgeber der großen Huygensausgabe nicht kannten und darum auch nicht verwerten konnten. Bei Wolf lesen wir l. c. S. 81: „Andererseits erwarb sich Fatio dadurch direkte Verdienste um die Gravitationslehre, daß er sich an der durch Huygens, Newton e. c. t. angeregten Discussion über das Wesen der Schwere auf das Intensivste betheiligte, und schon in den Jahren 1689 und 1690 eine selbständige Theorie derselben aufzustellen suchte, welche den Beifall von Newton und Halley, nach längerer Verhandlung schließlich auch den von Huygens erhalten haben soll und sehr verwandt mit der später von Lesage aufgestellten war. Fast alle seine Briefe enthalten einzelnes über diese Theorie.“ Wolf zitiert weiter einen Brief von Fatio aus Duillier vom 22. August 1700 an Jakob Bernoulli: „Si je puis trouver du temps par rapport à mes occupations domestiques, je tâcherai de mettre au net ma theorie de la pesanteur et d'en composer un juste traité. Vous y verrez, Monsieur, des principes de physique bien différens de ceux qui sont reçus. Leur simplicité infinie et leur extrême hardiesse vous rebuteront d'abord. Mais plus vous irez avant, plus vous reconnoîtrez que les phénomènes de toute la nature concourent à les établir. Il se réduisent à peu près à ces chefs: Que la rareté des corps terrestres est immense. Que dans presque tout l'univers il n'y a presque que du vide. Qu'il y a divers ordres de corps dont la vitesse est immense, et dont la petitesse est immense. Qu'une portion de matière donnée, tant petite soit-elle, étant duement divisée et agitée, suffit seule pour produire toutes les pesanteurs, qui se ressentent dans le système solaire, et à proportion pour les étoiles fixes. La plupart de ces propositions ne sont pas tant avancées pour expliquer la pesanteur, que démontrées tant en conséquence de ce qu'il y a une telle chose que la pesanteur qu'en conséquence de la plupart des phénomènes de la nature.“

Bernoulli nahm dies Résumé mit großem Interesse auf und schrieb am 22. September desselben Jahres an Fatio: „Je meurs d'impatience de voir un jour votre theorie de la pesanteur. Vous pouvez compter que rien ne me rebutera, quelque hardi qu'il soit; je suis assez accoutumé de trouver l'immensité partout; et il y a longtemps que je crois que la nature est autrement faite qu'on ne se l'imagine ordinairement." — Fatio wurde durch dies Interesse veranlaßt, seine Theorie der Schwere wirklich zu redigieren und übersandte dieselbe Bernoulli im Sommer 1701. Hierauf antwortete ihm Bernoulli unter dem 9. August: „Je ne puis pas dire que j'aie encore bien lû, comme il faut votre excellent traité de la pesanteur. Il demande une application, dont je sens que mes pensées trop distraites ne sont pas encore capables; et il semble qu'il ne me faudra pas moins de temps, pour bien comprendre toutes les beautés de votre système, que vous n'en avez employé à le bâtir et à le perfectionner. Il n'y a que la solution du 4e probléme, touchant la résistence des corps, que j'ai examinée assez attentivement. Le calcul va parfaitement bien, mais l'hypothese me fait quelque peine. A la réserve de cette difficulté, qui n'est sans doute telle que pour moi et que vous pouvez éclaircir facilement, tout y ressent la plus fine géométrie, et j'admire l'adresse, dont vous maniez le calcul, pour déterrer des véritées si cachées. Quand il n'y auroit point d'autres preuves de votre grand capacité, cet Essai seul seroit capable de nous en convaincre, et de fermer la bouche à tous ceux qui vous en veulent disputer la gloire. Vous devez donc, Monsieur, vous hâter de mettre au jour des témoignages si authentiques de votre habilité d'autant plus qu'il y a déjà tant d'années que vous avez trouvé ce systeme, et que les deux plus grands géomètres, M. M. Hugens et Newton, ne l'ont pas désapprouvé."

„Leider versäumte jedoch Fatio, diesen Rat zu befolgen und dadurch sich für alle Zeiten ein unvergängliches Denkmal zu setzen. Wohl schrieb er noch am 15. August 1701 an Jakob Bernoulli, um die von demselben aufgefundene Schwierigkeit zu lösen, und ermächtigte ihn, wenn er sterben sollte, seinen „Traité de la pesanteur" drucken zu lassen, aber nachher blieb alles auf sich beruhen, und man weiß jetzt noch nicht, wo die von Jakob Bernoulli mit so großem Vergnügen gelesene Arbeit hingeraten ist — denn auch unter den zahlreichen und zum Theil sehr interessanten Papieren Fatios, welche Lesage nach dessen Tode sammelte und nachmals der Genfer Bibliothek legirte, scheint sie nicht gewesen zu sein." So weit Rudolf Wolf über unser Dokument. Doch in der Biographie von Lesage l. c. S. 182 zitiert er anläßlich der Erwähnung der Rivalität zwischen Lesage und Cramer ein Zettelchen des ersteren: „N. Fatio dit: Que son frère ainé (Christ.) a fait une copie de ses trois principaux manuscrits sur la cause de la pesanteur, en 1699, 1700 et 1701: Est qu'il est mort en 8bre 1720. Que cette copie a passé à leur neveu (Ferdinand Calandrini). Par où, dit-il, elle a été communiquée à Mr. Cramer, Professeur en Philosophie à Géneve. Qui a réduit ma Théorie en des Thèses publiques; les publiant sous son propre nom, sans l'entendre à fond." Während Lesage* behauptete, erst bei Lektüre seiner Arbeit durch Abauzit von Crámers These erfahren zu haben. Er sprach (Lesage) nie von seinen Ansichten über die Schwere, ohne Fatio als seinen Vorgänger zu nennen, nur verwahrte er sich des bestimmtesten, seine Ideen aus den Papieren Fatios geschöpft zu haben.

Durchmustern wir nun rasch die Bände IX und X der großen Huygensausgabe auf Briefe unseres Gegenstandes! Im vierten Briefe Nr. 2465 vom 24. Juni 1687 erzählt Fatio, daß er schon dreimal den Sitzungen der Royal Society angewohnt, er berichtet über Inhalt und Eindruck von Newtons Prinzipia.

In der Antwort Huygens Nr. 2473 vom 11. Juli 1687 ist die Rede von Kopien des ersteren Schriften für De la Hire, für dessen Sammelband von 1693 vgl. den Brief Huygens an De la Hire Nr. 2435. Damals scheint Fatio zuerst mit der Arbeit Huygens: Sur la cause de la Pesanteur, gelesen 22. August 1668, bekannt geworden.

Im Briefe Nr. 2523 vom 9. Mai 1688 aus London erbietet sich Fatio u. a. zur Übersetzung von Huygens Dioptrik. Es folgt eine Pause in der Korrespondenz, denn am 11. Juni landet Huygens in Harwich, wohnt am 22. Juni einer Sitzung der R. S. mit Newton und Fatio unter Askin als Präsident bei. Am 10. Juli ist er wieder mit Newton und Fatio in London, um letzteren bei der Bewerbung um eine Direktorstelle für Cambridge zu empfehlen. Am 19. August verläßt Huygens London. Im Briefe Nr. 2558 vom 7. Februar 1690 spricht Huygens von der Übersendung von 7 Exemplaren seines traité de la lumière für Newton, Boyle, Hamden, Halley, Locke und Flamsteed und Fatio; er macht Bemerkungen zu Newtons Prinzipien.

In Nr. 2570 vom 6. März 1690 die Stelle: „Je Vous ai quelque fois entretenu, Monsieur, de ma Théorie de la pesanteur, que j'ai dans l'esprit depuis trois ans et que je n'ai entierement debrouillée que depuis votre depart de Londres." Wir finden in diesem Briefe die Figur I des Traité wieder und ganze Strecken wörtlicher Übereinstimmung mit unserer Edition desselben, was wir besonders betonen möchten. Fatio fährt fort: „Je Vous en dit trop Monsieur dans une lettere et trop peu pour Vous donner une juste idée de mon hypothèse"; in den von Huygens dem Briefe beigeschriebenen Erwägungen kommt seine vorsichtige Kritik zum Ausdruck. Während der Brief Huygens an Fatio Nr. 2572 vom 21. März 1690 andere Dinge betrifft, ist für uns wieder interessant die Antwort darauf Nr. 2582 vom 21. April: „Comme Vous me défendez, Monsieur de Vous parler de ma Théorie de la pesanteur, je ne tâcherai pas ici de la justifier entièrement"; es erscheint die Figur II der Hyperbel des Traité, mit der wichtigen Anmerkung der Herausgeber von Huygens Oeuvres, Fatio betrachte den Druck des Ätherstromes proportional dem

*) Vgl. über Lesage die lichtvolle Dissertation von Wilhelm Stoß: „Le Sage als Vorkämpfer der Atomistik", Leipzig 1885.

Quadrat der Geschwindigkeit seiner Teilchen (vol. IX pag. 408). Fatio bemerkt: „Avant que de finir, Monsieur, je dois Vous dire que quand je reçus votre premiere lettre [Nr. 2558] je travaillois encore à mes recherches touchant la cause de la pesanteur, et que ce n'étoit que depuis trez peu de jours que j'avois vû que les objections qui auparavant me sembloient la détruire n'avoient veritablement aucune force contre elle." Die folgenden Briefe Nr. 2599 vom 17. Juli und Nr. 2607 vom 7. August übergehen wir wieder; die Briefe des X. Bandes der Oeuvres betreffen die von Fatio beabsichtigte neue Ausgabe von Newtons Prinzipien, wofür Fatio den am Schluß unserer Edition erscheinenden „Extrait d'une Copie faite par l'Auteur en 8bre 1692 des Corrections et des Additions que Mr. Newton destinoit alors à son Liure des Principes" angefertigt. Seitdem in Australien das Handexemplar Newtons selbst zum Vorschein gekommen (vgl. den Aufsatz von J. Bosscha: La découverte en Australie de l'exemplaire des „Principia" qui a servi à Newton même" in „Archives Néerlandaises des Sciences exactes, La Haye 1909, S. 278/288" ist die Frage der Änderungen gegenüber der ersten Ausgabe von 1687 aktuell geworden. Wir glauben, mit den Gothaer Seiten ein neues Dokument dazu zu publizieren und auch für den Prioritätsstreit eine neue Auffassung für Fatios Verhalten Leibniz gegenüber zu gewinnen: Newton hatte Fatios Schwere-theorie gebilligt und dafür wurde Fatio hinwiederum der blinde Verfechter von Newtons Priorität: „Huius autem generis Hypothesis est unica, per quam gravitas explicari potest, eamque Ingeniosissimus Pr. Fatius primus excogitavit." Als solchen kennt ihn auch Kurd Laßwitz in seiner Geschichte der Atomistik II S. 510, aber er wußte von seiner Hypothese nur aus dem Briefwechsel zwischen Huygens und Leibniz, wo besonders der Brief vom 26. April 1694 Nr. 2852, sowie der von Fatio an De Beyrie (Dutens III p. 658—660, Gerhardt II p. 183) und derjenige von Huygens an Leibniz vom 24. August 1694 in Betracht kommen. Die eingangs erwähnten Briefe Jakob Bernoullis sind erstmals durch Prévost publiziert in Biblioth. Univers. des sciences et arts, Vol. 23. Über einige Einzelheiten der Ms. unseres Traité geben auch die Briefe Nr. 2739 und 2745 von Bd. X der Huygensausgabe noch Aufschluß.

De la cause
De la Pesanteur
1690
avec des addit. et correct de Newton
par Livre des Principes
*) probablement par Fatio de Duillier voy. la page penultieme.

De la Cause
de la Pesanteur.

Comme je m'étois attaché, pendant ces deux ou trois dernieres Années, avec beaucoup d'application, à examiner une Théorie, par la quelle il me sembloit, qu'on devoit pouvoir expliquer la Cause de la pesanteur, et que j'étois enfin venu à bout en Autonne 1689 de surmonter les difficultez, qui s'étoient rencontrées, dans ma recherche, je crus ne pouvoir m'empêcher de communiquer à la Societé Royale, le resultat de mon travail.

Je fis donc l'Explication de la Lecture de ma Théorie, en cette illustre Assemblée dez le 26. Février 1689/90 en presense de Monsieur le Chevallier Oskyns, Vice-Président; de Mrs. Hook, et Halley, Savans Geometres; et de Plusieurs autres Personnes éclairées; et je répondois aux Objections, qui me firent faites.

Le sujet que je traittois, étant trez difficile, et supposant une application toute particulière, dans ceux qui veulent s'en instruire on me fit l'honneur de me demander, par écrit, la demonstration principale, de la quelle depend ma Théorie, et en general l'idée et le plan de tout mon dessein. Voici l'un et l'autre, en peu de mots.

Premierement, je prouve qu'il n'y a que deux Suppositions, par où il soit possible de rendre raison, en generale d'une maniere Mechanique, de la Pesanteur autour de la Terre et autour de tous les Corps celestes. L'une est celle par où l'Illustre Mr. Hugens a tâché de l'expliquer. l'Autre est celle que je proposerai, et que je trouve s'accorder mieux avec les Apparences, et avec la Methode simple et aisée, que l'Auteur de la nature affecte si fort, dans les moiens, par les quels il gouverne ce monde entier.

Je suppose donc qu'outre les Corps grossiers et solides, que nous connoissons et que je prouve etre extremet poreux, il y ait dans tous les Espaces du Monde, une matiere, oú plusieurs ordres entremêlez de matieres differentes, toutes fort rares, et extraordinairet agitées indiferemt en tout sens; mais les unes plus agitées que les autres. Et je fais voir Geometriquemt qu'il suit de cette Supposition qu'autour de tous les Corps grossiers, tels que sont la Terre et les astres, et les Atomes, qui les composent, il se doit former par la, presque en un moment une Force de Pesanteur, qui diminue en s'eloignant de ces Corps à Proportion que le Quarré de la distance augmente. Ce qui étant une Propriété de la Pesanteur, qui a été decouverte et prouvée, par l'Illustre Mr. Newton, mon Hypothese devient par là fort vraisemblable.

Je fais voir encore que cette Force de Pesanteur, autour des Corps grossiers, subsistera, même pendant le mouvemt de ces Corps dans les Orbes Curvilignes, et que la longeur du Tems, ne la detruira point.

Je suppose que les differens Espaces du Monde sont presque entieremt Vuides de Matiere. Plusieurs Phenomenes que nous observons dans la Nature, etablissent cette extrême rareté des Corps. Elle est necessaire dans mon Hypothese, afin que les Particules de la Matiere, qui cause la Pesanteur, aient leurs Mouvemens en lignes droites extrement libres. Enfin en admettant cette extreme Rareté, je crois me renfermer, dans la Methode de la Nature, q est Simple, et q tend toujours à l'épargne. Et la Pesanteur est produite dans ma

Pensée, par l'excez de la Vitesse des Particules de cette Matiere, qui viennent frapper la Terre par exemple ou quelque Atome grossier, de toutes Parts, par dessus leur Vitesse, quand elles se reflechissent, ou qu'elles ont traversé la Terre. Or je parle ici principalemt et presque uniquemt de la Matiere la plus agitée, la quelle vient de la region des Etoiles fixes, jusques à Nous, en un Espace de Tems tout à fait insensible.

Et comme l'on pourroit croire que les Matieres, que je suppose, devroient s'epaissir beaucoup, autour de la Terre, plusieurs de leurs parties perdant toujours quelque chose de leur Mouvement; Je montre que cet Inconvenient n'est point à craindre, la même quantité de Matiere venant toujours fraper la Terre comme un Courant, et s'en eloignant ensuite uniformemt, à l'infini comme un nouveau Courant, quoique plus lent que le Premier; par ou elle fait place à celle qui lui succede; provenant par sa Fuite continuelle, et toujours égale la Condensation, que l'on auroit pû craindre.

Il arrive en ceci quelque chose d'admirable et à quoi je ne m'attendois d'abord. L'Apprehension de cet épaississemt de Matiere, autour de la Terre, m'avoit fait chercher, pendant deux ou trois Ans, la cause de la Pesanteur dans les mêmes Suppositions ou je la trouve, si non que je ne voulois pas quil se perdit, quoique ce soit du Mouvemt de la Matiere qui produit la Pesanteur. Mais ayant enfin reconnu que cela étoit impossible, je voulus voir en detail à quoi se reduisoient la Condensation et la Perte du Mouvemt que j'apprehendois tant: et je fus assez surpris, quand je reconnus, que cette Condensation etoit donnée, et n'augmentoit point; et qu'elle etoit aussi petite, qu'on vouloit, de même que la Perte du Mouvemt, jusques à devenir infinimt petite, si l'on faisoit les Suppositions necessaires. En effet je demontre que cette Matiere, qui cause la Pesanteur étant une fois supposée aussi rare qu'on voudra, elle pourra produire sans augmenter ni diminuer sa Densité, la même Pesanteur, en ne perdant neanmoins qu'une partie si petite que l'on voudra de ce Mouvemt Car pour cela il ne faut qu'augmenter sa Vitesse, avec la Force de la Reflexion. De sorte que je fais voir mathématiquemt qu'autant de Matiere, qu'en contient une Liure de Plomb, par exemple, étant suffisemt divisée, et aiant un Mouvement assez violent, et un Ressort assez parfait, ou même une Dureté assez parfaite, pourvû que les Corps qu'elle peut fraper, aient un Ressort à peu prez parfait, ou que la Dureté soit toujours accompagnée d'un Ressort presque infinimt vif, qu'autant de Matiere, dis-je pourroit suffire pour entretenir dans leur Vigeur, toutes sortes de Pesanteurs, que nous voions dans le Systeme du Soleil et des Planetes, pendant autant de siecles que l'on voudroit, et à Proportion pour les Etoiles fixes.

Je tire beaucoup d'autres consequences, de cette Doctrine, par lesquels je verifie que la Nature se maintiendra dans le même étât simple et uniforme, et dans le même Mouvemt Mon Hypothese étant telle que je ne puis guerre douter qu'elle ne soit Veritable au moins s'il y a une cause Mechanique de la

Pesanteur, je m'en sers encore pour jetter les fondemens d'une Philosophie solide. Car il ne suit pas de cette Hypothese, si l'on y ajoute rien, que la Pesanteur des Corps doive étre proportionelle à la Masse. Et cependant autant, qu'on la pu éprouver, quoi que je souhaitasse des Experiences plus exactes, on a trouvé que la pesanteur étoit sensiblemt proportionelle à la Masse. De là je conjecture diverses choses, touchant la structure intime des Corps terrestres, et des Planetes, dont la Pesanteur ne sera sensiblement proportionelle à la Masse, qu'en cas que leur structure soit faite de certaines Manieres que j'indique. Et je confirme par là qu'ils ont un trez grand Nombre de Pores trez ouverts. Sur quoi je remarque qu'aiant beaucoup de Raisons qui nous prouvent l'extreme Rareté de l'Or non obstant la Pesanteur, nous n'en avons point cependant, qui nous empêchent de penser qu'ils ne puissent bien contenir 1000000 ou 1000000000000 e. c. de fois plus de Vuide que de plein.

Et pour ce qui regarde les differentes Matieres, dont le Monde est composé, il me semble qu'on en peut concevoir de divers Ordres, dont le premier, ou le plus grossier et le moins agité, contienne des Parties infinimt dures, sur tout si l'on suppose que le Ressort à peu prez parfait accompagne toujours la parfaite dureté; et d'autres parties, dont les unes aient un Ressort à peu prez parfait, et les autres aient si l'on veut, peu de Ressort. Le second ordre, le troisieme, le Quatrieme e. c., me paroissent devoir étre la plus part composées de Parties extraordinairemt elastiques, soit que leur Ressort vienne de leur Dureté, ou de telle autre Cause, que ce soit. Enfin le dernier, le plus delié et le plus agité de tous les Ordres, doit être composée de parties infiniment dures. C'est celui-ci qui fait apparemt le Ressort des Parties, qui composent les autres Ordres sur tout les inferieurs, c'est à dire, les plus deliez: Si du moins ce Ressort peut étre expliqué Mechaniquemt. Mais le Ressort dans un Ordre superieur, ou plus grossier pourroit être l'effet de plusieurs Ordres inferieurs. La Distinction de ces Ordres consiste en ce que la plus part des Parties, d'un Ordre superieur, sont dans un Inferieur, comme des solides, dans un Fluide trez delié, et apparemmt tres agité. Mais il se peut faire aussi, que les dernieres parties de la Matiere les quelles necessairement sont infiniment dures, aient un Ressort à peu prez parfait, ou qui approche infinimt d'étre parfait et dont la Cause soit Metaphysique, et n'ait son Fondement que dans la Volonté du Créateur.

Parmi les Matieres fort rares et fort agitées, qui nous envirronnent, nous Conoissons premieremt l'Air, et toutes Parties grossieres, qui s'exhalent, de la Terre et des Eaux. l'Agitation des Parties de l'Air, ne contribue rien de sensible à la cause de la Pesanteur. Mais de cette Agitation dependent la plus part des Phenomenes, qu'on attribue communemt à la Pesanteur de l'Air. Nous connoissons pareillemt une sconde Matiere fort rare et fort agitée, qui traverse libremt les Pores du Verre, et par consequent aussi ceux des autres Corps terrestres. J'entens la Matiere, qui soutient le Mercure, suivant les Experiences de Mr. Boyle, dans les Tuiaux de 80 pouces; et qui le soutiendroit, peut étre dans les Tuiaux beaucoup plus longs. On ne peut raisonablemt attribuer un tel effet qu'à l'Agitation de cette Matiere, et à ce qu'elle frappe avec plus de liberté sur la surface du Vif-Argent qui è à decouvert, que sur la surface du Vifargent, qui est enveloppée et touchée deprez par le Verre.

Cette Matiere ne contribue encore rien de sensible à la cause de la Pesanteur. Les Phenomenes de l'Aiman, du Feu, de la Flamme, et même de la Chaleur reglée, qui s'entretient dans les Corps terrestres, nous conduisent à la Connoissance de quelques autres Matieres fort rares et fort agitees. Enfin la Matiere, qui produit la Pesanteur, doit étre la plus agitée et peut étre la plus rare de toutes.

Les Particules de tous les Ordres, excepté le dernier s'attirent plus ou moins les unes les autres, en Vertu de la Pesanteur, qui se forme autour d'elles. Les Parties infinimt dures du premier Ordre, formeront autour d'elles, si on suppose qu'elles n'aient point de Ressort, une grande Pesanteur, et s'attireront beaucoup les unes les autres. Car si elles étoient dispercées, parmi les autres Matieres, elles devoient souvent se rencontrer et se joindre. L'ors que deux de ces Parties se choqueroient directemt, elles ne rejoilliroient point, mais demeureroient collées l'une à l'autre. Dans les chocs obliques elles ne rejoilliroient point non plus mais garderoient seulemt le Mouvemt lateral. Les Parties élastiques du premier ordre, quand même on les supposeroit presque parfaitemt elastiques, ou qu'on joindroit inseparablemt leur Ressort reciproque parfait avec la Dureté parfaite, mais sur tout, si leur Ressort n'est pas parfait ou peut étre si elles sont seulemt pliantes, attirent aussi un peu toute la Matiere, qui est autour d'elles excepté celle du dernier ordre, qui peut bien rendre les autres attractives, mais qui ne peut étre attirée elle même. Quand ces Parties elastiques sont choquées, leur Ressort agit et fait son efet, selon qu'il est plus ou moins parfait. S'il est trez parfait, à parler suivant les Idées ordinaires il ne se perd point de Mouvemt; ou plûtot il s'enperd ou il se produit au contraire plus de Mouvemt, c'est par des Raisons, qui ne sont pas particulieres à mes Hypotheses. Et les Parties, qui ont cette Proprieté, ne sont attractives, qu'en vertu de leur frequentes secousses, de leurs Fremissemens, de Mouvemens Circulaires qu'elles produisent et des Mouvemens entremêlez, qui s'existent entre elles, et qui par la Longueur du Tems, et la Resistence des autres Matieres moins agitées s'affoiblissent et s'etoufent, à mesure que, d'un autre côté, ils se renouvellent incessamt par des nouveaux chocs. Comme les Parties du dernier Ordre ne sont point attirees, elles n'attirent point aussi. Si on separe le Ressort de la Dureté parfaite, elles peuvent s'arrêter, ou en se rencontrant directemt entre elles, ou en rencontrant les Parties infiniment dures du premier Ordre, ou même des Ordres moiens: Mais le moindre effort les detâche. Rien n'empêche, comme je l'ai dêja insinué, qu'il n'y ait des Particules infiniment dures dans les Ordres moiens: et elles pourront aussi s'assembler entre elles, et avec les Parties dures des autres Ordres excepté le dernier. Enfin si on joint de Ressort presque infinimt parfait avec la parfaite Dureté: en ce Cas ces Parties continueront bien deformer des Amas, mais avec beaucoup moins de force. Dans ces suppositions, il me semble que le Monde s'entretiendra facilemt dans l'Etât où il est: et même que si l'Auteur de cette Nature dissipoit tous les Corps, en leurs petites Parties, et leurs donnoit des Mouvemens trez rapides, en tous sens, il se feroit ça et là, par une suite Mechanique des Globes composez de Particules grossieres, principalemt de celles qui sont dures ou plutôt de celles qui ont moins de Ressort: les quels Globes pourroient avoir divers Mouvemens entre eux, et s'attirer les uns les autres, comme font les Planetes, dont la Composition marque, plus immediatemt, l'Ouvrier, qui les a formez; outre que l'Existence même et les Mouvemens, de ces differentes Matieres, ne se peuvent rapporter qu'a lui.

Et comme je fais voir qu'il est trez possible et par Consequent assez vraisemblable, qu'une fort Petite Quantité de Matiere puisse produire tous les efets de la Pesanteur; je prouve de meme qu'il se peut faire que la Matiere entieremt solide, qui occupe nôtre Systeme, ne remplisse neanmoins qu'une partie extraordinairemt petite de son étendue: les Corps les plus solides pouvant n'étre qu'un tissu fort rare, qui puisse bien exclure les Raions de la Lumiere, tandis qu'il se laisse traverser, par les Matieres plus deliées, avec une extrême facilité.

Au reste, j'ai cet avantage, en proposant mes pensées, que je ne puis craindre, les Objections que de trez peu de Personnes; et ce sont apparemmt ceux dont je recevrais le moins: je veux dire les savans, qui sont en même Tems trez Excellens Mathematiciens et trez bons Philosophes: tels sont, par exemple Mr. Hugens, Mr. Newton et un petit Nombre d'autres. Pour ce qui regarde les Mathematiciens qui n'ont jamais appliqué leurs connoissances, à la Philosophie Naturelle, mais sur tout pour ce qui regarde les Philosophes, qui n'entendent pas les Mathematiques, Je ne les considere pas comme mes Juges.

Je crois avoir, dans ce que je suppose, pour rendre raison de la Pesanteur, un Principe fort general et fort étendu, et qui pourroit conduire bien loin dans la Recherche des causes de tant d'Efets naturels, et en même Tems si admirables. C'est à cette premiere connoissance que je voudrois que l'on comparat les differens Phenoménes, qui ont eté observez dans la Nature. Je m'imagine par exemple, que la Lumiere ne peut étre expliquée de la Maniere que Mr. Hugens a essaié de le faire, à moins de supposer que les particules qui nous la transmettent, ne soient d'un Tissus — tout à fait rare: ce qui ne s'éloignera pas de la Pensée de cet Illustre Philosophe: mais il n'y a point d'autre Objection à faire, contre ceux qui supposent que les Parties de la Lumiere viennent directemt du Soleil à Nous, si non qu'il faudroit qu'elles se mussent, à peu prez 600 000 fois plus vite que le son, il me paroit que la Fausseté de leur Opinion n'est pas suffisemmt demontrée; puisque si on suppose le Monde presque vuide, et comme je fais, on ne sent aucune Difficulté à concevoir les

Mouvemens les plus rapides. Outre que, plus on supposera des Mouvemens extrememt prompts, et plus on pourra diminuer la Matiere, et reduire toute la Nature à une extreme simplicité, et à un petit Nombre de Principes.

Sur cela je remarque que les Idées, que nous avons du Mouvement, et de la Grandeur des Corps ne sont que comparatives, nous appellons finies, les Quantitez qui sont de nôtre connoissance, et que nous avons accoutumé de comparer entre elles. Mais, comme les Mathematiciens ont trouvé qu'ils pouvoient mesurer toute la Masse de certains solides infiniment longs, je fais voir aussi, que d'un côté, l'on peut concevoir aisemt des Grandeurs et des Vitesses infiniment moindres, que ces premieres; puis d'autres infiniment moindres que celles ci, et cela tant de fois que l'on voudra; comme d'un autre côté, on ne peut concevoir d' infiniment plus grandes; et ensuite d'autres infiniment plus grandes que ces dernieres; puis d'autres infiniment plus grandes, que celles-ci; et cela tant de fois que l'on voudra. Car tout cela suit de la Definition, que je donne, d'une quantité infinimt plus grande, qu'une autre [L'Infini, comme je le conçois, n'est pas toujours la plus grande chose possible en son Genre, ni à la quelle, on ne puisse rien ajouter, comme dans la Metaphysique la Connoissance Infinie, car l'Etre supreme est telle, qu'il sçait absolument tout ce qu'il est possible de savoir. Mais c'est plutôt une chose si grande, à l'égard d'une autre, à qui on la compare, que tel Nombre fini, que l'on puisse s'imaginer ou exprimer, par quelque Artifice que ce soit, sera toujours trop court, et petit au de lá de tout ce qu'on peut dire pour exprimer le Nombre des Repetitions, qu'il faudroit, de la chose, que l'on considere comme finie pour égaler celle, que l'on appelle Infinie, à son égard. Et je confirme cette Definition de l'Infini, ou plutôt de l'Immense, en faisant voir qu'elle ne peut appartenir, à des choses finies Or pour ce qui regarde l'Infini même, je tâche de faire voir, qu'il y a actuellemt. des Infinis, et des Infinis de plusieurs Ordres, c'est à dire, infinimt plus grands les unes que les autres. Comme encore, qu'un Infini ou Immense, peut fort bien étre borné, non seulemt d'un Coté, comme le Tems passé; qui étant absolumt infini, à remonter vers sa source, se termine par le Moment présent: mais des deux cotéz. Car quand on dit que le Monde est Infini, et qu'il y a apparemmt des Corps dispercez, par tout le Monde, ou l'on ne veut rien dire, ou bien on dit, que la Distance, d'ici à certains Corps, est infinie; c'est à dire que la Ligne terminée ici, par un bout, et terminée infinimt loin d'ici, à quelque Corps est infinie; Mais à moins que ces Choses ne soient apuiées de leurs demonstrations il y a peu de Personnes qui les puissent croire, et incomparablemt moins, qui les puisse comprendre.

L'Espace est infini propremt., et à la rigueur: c'est à dire qu'il est non seulemt infiniment plus grand, que le Globe de la Terre, par exemple, mais encore, qu'il n'a aucunes bornes d'aucune côté, que ce soit; et qu'il n'y a aucune Etendue, qui lui puisse étre ajoutée, et la quelle il ne comprene pas dêja. Dans cet Espace, je demontre qu'il y a assez de place, pour une Infinité d'Infinis, disposez par Ordre en commençant par les moins grands, et qui soient tous successivemt infinimt plus grands les uns que les autres. C'est à dire que le Second Infini, sera infinimt plus grand que le premier; le troisieme infiniment plus grand que le Scond; le quatriême infinimt plus grand que le troisieme, et ainsi à l'Infini. Et je fais voir comment ces Infinis peuvent étre choisis et rangez de maniere qu'ils ne se touchent, ni se rencontrent nulle part.

Pour ce qui regarde la Demonstration qu'il se forme une Pesanteur, autour de tous les Corps grossiers, et que cette Pesanteur est reciproquemt comme le Quarré de la Distance, elle est extrememt generale, et je démontre la Verité de cette Proposition, lors même qu'on suppose que les Particules des Matieres, qui causent la Pesanteur, varient entre elles, soit pour leurs Figures, leurs Vitesses, leurs Grandeurs, leurs Mouvemens circulaires sur leurs centres, leur Ressort et la Maniere dont elles s'appliquent aux Corps, quand elles font leur Chocs. Comme je pretens que ma Demonstration doive principalemt subsister, quand on ne suppose pas un Ressort absolumt parfait, dans les Corps qui sont parfaitemt durs; et comme toutes les fois que de tels Corps se rencontrent, ils doivent perdre de leurs Mouvemens; on peut craindre que ces Mouvemens mêmes ne viennent enfin à languir, dans la Matiere qui cause la Pesanteur; ce qui feroit aussi rallentir insensiblemt ceux de toutes les autres Matieres. Mais outre qu'il n'est pas trop sûr, que le Mouvement, qui est dans le Monde, ne diminue de quelque chose, comme d'un autre Côté, il y a des cas trez simples, et peut étre tres Ordinaires, dans les quels il augmente, et dont l'Auteur de la Nature peut vraisemblablemt se servir pour recompenser, ou en tout, ou au moins en partie, la Perte, qui se pourroit faire d'ailleurs du Mouvement; je fais encore voir, que le Mouvement de la Matiere, qui cause la Pesanteur se rallentira si peu que l'on voudra, quoique l'on conserve la même Force de Pesanteur; pourvû qu'on diminue autant qu'il est nécessaire, la Quantité de Matiere qu'il y a dans l'Univers, et le Nombre des petis Corps parfaitemt durs qui produisent la Pesanteur, et qu'on augmente en même Tems, s'il le faut leur Vitesse. Car en diminuant ainsi le Nombre de ces Corps durs qui sont dêja comme infiniment petis, bien qu'il faille augmenter leur Vitesse, en diminuant en même Tems et à propos la Quantité de la Matiere, on diminue beaucoup la facilité, que les Corps durs ont de se rencontrer les uns les autres, de la quelle seule resulte le danger que leur Mouvement ne se perde: et à force de la diminuer, on la peut reduire presque à rien. Voilà dans cette réponse, encore une nouvelle Raison, pour supposer le Monde presque Vuide de Matiere. En effet, à moins qu'on ne pense que la Dureté parfaite ne soit toujours accompagnée d'un Ressort absolumt parfait, à quoi quelques Personnes trez éclairées ne trouvent pas une entiere vraisemblance, plus on supposera le Monde rempli de Matiere, et plutot le Mouvemtt qui s'y trouve, se rallentira et se diminuera sensiblemt.

Si deux Corps se meuvent, sur une Ligne droite, en deux sens contraires, et qu'aprez s'étre rencontrez directement, il se reflechissent, sur la même Ligne en deux sens opposez, la même Quantité de Mouvemt demeure.

Si deux Corps se meuvent, sur une Ligne droite, en même sens et qu'aprez s'étre rencontrez directemt et s'étre reflechis, il continuent à se mouvoir sur la mesme Ligne, en même sens, la même Quantité du Mouvemt reste.

Si deux Corps se meuvent, sur une Ligne droite, en deux sens contraires, et qu'aprez s'étre rencontrez directemt et s'étre reflechis, il aillent en meme sens, la Quantité du Mouvemt diminue. Ce cas arrive principalemt quand les Matieres plus grossieres, ont plus de Vitesse, que les Matieres plus deliées.

Si deux Corps se meuvent, sur une Ligne droite, en même sens, et qu'aprez s'étre rencontrez directemt, et s'étre reflechis, ils aillent en sens contraires, la Quantité de Mouvemt augmente. Ce cas arrive quand les Matieres plus deliées ont plus de Vitesse, que les Matieres plus grossieres.

Il y a peut étre un autre Principe, soit Metaphysique, soit Mechanique, dans la Nature, qu'on pourroit nommer le Principe de la Fuite des petis Corpuscules entre eux, et qui dans la composition des Corps terrestres n'est peut étre guerre moins considerable, que le premier, qu'on peut appeller le Prinzipe de l'Attraction des Corps. Ont peut rechercher si cette Fuite des petis corpuscules, qui sont approchez entre eux, jusques à de fort petites Distances, car à de plus grandes Distances il se peut faire qu'elle soit nulle, si, dis-je cette Fuite ne pourroit pas etre produite par le tournoiemt fort rapide, de quelques parties longues ou plates, qui se mettant, entre les Corpuscules, et s'y trouvant reserrées, les écartent avec Violence. Et en efet ce mouvemt circulaire venant à s'appuier, par les deux bouts d'une particule assez longue, sur deux corpuscules voisins, les peut diversemt écarter. Au lieu que, si la particule choque contre un seul corpuscule, comme elle n'appiue sur rien, par l'autre bout, et qu'on la suppose plus petit que le corpuscule, c'est pour elle principalemt, que se transporte tout l'efet de son choc.

Que s'il est vrai que la plupart des Phenomenes, qui ont étez observez dans le Monde dependent de ces Principes Mechaniques de l'Attraction et de la Fuite des Corps, il n'est pas surprenant que jusque ici l'on ai fait si peu de Progrès, pour connoitre le Tissu des Corps terrestres, et la Simplicité admirable des fondemens de toute cette Nature. Les meilleurs Philosophes ont toujours rejetté ces Principes, comme obscurs et incomprehensibles, aussi bien que les meilleurs Geometres; quoique ces derniers soient les seuls dont on puisse esperer une Philosophie plus exacte. L'Illustre Mr. Newton est le premier, qui ait bien voulu emploier les Mathematiques à des Calculs, touchant l'Attraction et la Fuite des Corps. Et quoi qu'il n'en connut pas les Causes, il n'a pas laissé d'établir solidemt. par elles, sur tout par l'Attraction, le Veritable Systeme du Monde. — On a reproché aux Philosophes modernes, qu'ils imaginoient, dans les petites particules de la Matiere, des Figures geometriques, et fort regulières, comme sont celles, d'une sphere, d'un Cube e. c.: Au lieu, dit-on, que ces petites parties ont autant d'inégalitez, que les differens corps que l'on trouve ordinairemt sur la Terre. Neanmoins, si l'on fait reflexion, combien la Nature est excellent Geometre, dans ses Productions generales, par exemple, dans les Figures si geometriques et si composées de sels de plusieurs sortes, des Crystaux, de la Neige e. c.; il paroit fort vraisemblable que ce sont des Figures assez geometriques, dans les plus petites Particules des corps, et dans les plus grosses particules qui s'en composent qui servent de fondement à cette regularité. Et cette reflexion, avec l'extreme Rareté des corps terrestres et la Proportion qui s'observe entre leur Masse et leur poids, peut servir d'entrée à la Recherche des Figures differentes, que peuvent avoir ces particules. Les Geometres, qui reussiront mieux en cette Recherche, sont ceux qui ont mieux observé les Corps Terrestres, et qui en ont fait un plus grand Nombre d'Experiences, surtout de celles, ou l'on fait operer entre eux des Corps fort simples, et qui tiennent de la Nature des Premiers Elemens de l'Univers, soit par leur Melange seulemt, soit en y ajoutant encore la Chaleur, pour en produire un nouveau Composé, d'une Nature singuliere.

Les Proprietez de la Lumiere et des Couleurs, pourront encore étre ici de quelque Secours. Car quoi, qu'on ne puisse rien voir de plus beau, que la Théorie de la Lumiere que Mr. Hugens nous a donnée; cependant il y a des Raisons trez fortes, qui me portent à penser, que la lumiere consiste en des Corpuscules, qui viennent immediatemt du Soleil jusques à nous. Or ces Corpuscules dont la Vitesse n'est qu'environ 600000 fois plus grande que celle du Son et dont la Petitesse est telle, qu'ils sont capables de traverser assez libremt, en Lignes droites, une grande Epaisseur de Crystal, d'Eau, de Verre, e. c. font des Efets surprenans, quand on les rassemble, en quelque Quantité, avec un excellent Miroir concave. Par exemple, ils fondent et Vitrefient les Metaux, et les autres Mineraux, en trez peu de Secondes de Tems. Ce qui demande qu'ils aient une grosseur et une solidité, proportionnées à des Efets si considerables. Et cela d'autant plus que ces Corps qu'ils fondent, ainsi seront supposés plus solides. Mais d'un autre coté, les Raions de Lumiere ne sauroient traverser le Crystal et le Verre en Lignes droites, indifferemt en tous sens, à moins que ces Corps ne soient extrememt poreux.

Et il faut non seulemt, que, dans le Verre, il y ait incomparablemt plus de Pores, que de Plein: mais encore que les Particules et les Molecules dont le Verre est composé, aient des Pores ouverts, pour donner un Passage trez libre aux Raions. Ce qui exclut les Structures, où ces Particules sont supposées étre chacune comme un Rezeau spherique ou Spheroidique e. c., tissu par un Nombre immense de côtez. Car une telle Structure rend les Particules impenetrables à tous Corps, qui ne sont pas d'une petitesse beaucoup au dessus de celle, que semblent avoir les Parties de la Lumiere. Ou bien, s'il on pense avoir d'ailleurs des Raisons suffisantes, pour admettre cette Structure des

Atomes de la Matiere terrestre, qui les suppose des Rezeaux tissus, par un trez grand Nombre de cotez, de la maniere que je décrirai ci aprez; et que cependant on ne veuille pas recevoir la Theorie de la Lumiere de Mr. Hugens, la quelle devient plus vraisemblable dans cette supposition, il faut conclurre que les Parties de la Lumiere sont assez petites, pour traverser de tels Rezeauz avec une extrême Liberté. Ce qui à la Rigeur, n'empeche pas qu'on ne leur donne encore telle solidité, que l'on voudra. Car une Particule de Lumiere, quoique capable, si l'on veut, d'étre envelopée, par une surface spherique, infinimt plus petite que celle, qui enveloperoit immediademt un Atome terrestre, pourra étre ou égale en solidité, c'est à dire en Masse, à cet Atome, ou inégale, en telle proportion, que l'on voudra; jusques à étre infinimt plus massive ou infinimt moins massive.

PROBLEME I.

Soit *C* un Corps grossier, placé dans un Espace Infini, ou il y ait une Matiere fort rare, égalememt dispercée de toutes parts, et dont les Parties aient leurs Mouvements, en Lignes droites, fort libres, et soient égalemt agitées, et cela indifferemmt en tous sens. On demande ce qui arrivera de l'Opposition du Corps *C* au Mouvemt. libre de quelques unes de ces Parties.

Solution. Je suppose pour Principe que, pour l'Ordinaire la Masse de chaque Particule, qui contribue à la Cause de la Pesanteur, est tellement proportionnée avec sa Vitesse, et avec la Grosseur des Atomes de la Matiere terrestre, que venant à fraper un de ces Atomes, elle lui imprime quelque Mouvemt tant progressif, que Circulaire; auquel succede, presque dans le même instant, un autre Mouvemt, produit d'un autre coté, dans le même Atome, par le Choc d'une seconde Particule, et ainsi de suite, à l'infini. Car, quoique, dans un Tems donné infinimt petit, il se fasse une Infinité de tels Chocs, contre un seul Atome, les uns bien plus forts que les autres, rien n'empêche que ce Tems infinimt petit ne soit encore divisé en une Infinité de Parties distinctes, de sorte que les chocs, contre l'Atome, soient suposez arriver les uns apres les autres. Si l'Atome a quelque Liberté de s'agiter, tant d'un Mouvemt Circulaire, que sur tout d'un Mouvemt progressif, comme l'ont tous les Atomes des Corps terrestres, car cela paroit assez par la Chaleur, qui peut se produire, ou s'exciter, dans les Corps, soit qu'ils soient fluides, mols ou solides, de tels chocs entretiendront l'Atome dans une continuelle Agitation, ou dans un continuel Fremissémt, le secouant dans un Tems infinimt petit d'une infinité de secousses tres vives, et s'il on veut infinimt vives, tantot en un sens, et tantot en un autre et le rejettant perpetuellemt d'un nouveau et d'un nouveau coté. Or, quand meme on suposeroit que la Dureté parfaite soit toujours accompagnée d'un Ressort presque absolumt parfait, et que l'un et l'autre se trouvent toujours, dans les Atomes de la Matiere, cependant, en suivant le Principe qu'on vient d'établir, la plupart des Particules, qui frapent contre l'Atome, ou contre le Corps terrestre *C*, n'auront pas à tout prendre, aprez la Reflexion, la même Force pour mouvoir un Corps, ni la même Vigeur de Mouvemt, qu'elles avoient au paravant. D'autant plus que les Corps terrestres, perdent d'eux mêmes, par le Choc continuel de leurs Atomes et par la Resistense des Ordres de Matieres, qui sont moins agitez, et qui ne contribuent que peu, ou point du tout, à la Cause de la Pesanteur, une bonne Partie des Mouvemens entremêlez, que l'Agitation des Matieres plus deliées et plus vives, produit au dedans d'eux. Ont peut voir, dans ce qui precede, et dans ce qui suivra quelques unes des Réponces, que je voudrois faire, à ce qu'on pourroit objetter contre cette Suposition. Mais, si l'on convient qu'il n'y a vraisemblablemt aucun Corps, dont le Ressort soit absolument parfait, la Demonstration suivante tirera principalemt sa force, de cette derniere Hypothèse.

Fig. I. Premieremt soit le Corps C (Fig. I) un Corps entieremt solide, ou, dumoins qui ne laisse point traverser par nôtre Matière. Supposons d'abord, que cette Matiere soit en Repos, mais que tout d'un coup ses Parties soient mises dans une grande Agitation, indifferemmt. en tout sens. Et à Cause de l'Agitation égale de toutes Parts, ce Corps ne sera jamais chassé sensiblemt hors de sa Place. Soit prise pour sa surface, une Partie infinimt petite $z\,z$, à la quelle soit mené le Plan Tangent $A\,B$; , de $z\,z$ comme centre, soit derite la sphere $A\,T\,V\,P\,Q\,B\,R\,S\,A$. Soit cette sphere divisée en une Infinité de Pyramides, comme $P\,z\,z\,Q$, qui sont tronquées en $z\,z$, infinimt prez du sommet. Ces Pyramides auront ainsi leurs Bases convexes $P\,Q$ extrememt petites. Qu'on sypose les Pyramides prolongées de coté et d'autre à l'infini. Comme je supose, que la Matière agitée en tous sens, est divisée en parties extraordinairemt petites, et que leur Mouvemt est trez prompt, il y a toujours dans une Pyramide, comme $P\,z\,z\,Q$ un grand nombre de Corpuscules, qui passent continuellemt selon la Longeur de la Pyramide, et qui vont tomber sur la petite surface $z\,z$. Par exemple, sur la Base infinimt petite $P\,Q$, elevons à la hauteur $P\,F$, le solide infinimt petit $P\,F\,G\,Q$. L'espace $P\,F\,G\,Q$, quoique infinimt petit, contient une Infinité de Particules de nôtre Matiere; les quelles se repandant uniformemt. à la ronde, on dira, comme toute la Surface de la sphere, est au Disque apparent de $z\,z$ vû de l'Espace $P\,F\,G\,Q$; ainsi le nombre infini de Particules qui vont fraper sur $z\,z$. Et quoique le Disque apparent de $z\,z$, vû de $P\,F\,G\,Q$, soit infinimt petit, cependant il paroit par la doctrine des Infinis, infinimt plus grands les uns que les autres; que le Nombre des Particules, qui de l'Espace $P\,F\,G\,Q$, vont frapper sur $z\,z$ pourra encore être infini. Or ce que j'ai dit de l'Espace $P\,F\,G\,Q$ doit étre entendu de tout autre pareil Espace, pris en quelque Lieu que ce soit, d'où l'on puisse decouvrir la surface $z\,z$. Il est donc vrai, qu'il y a toujours, dans une Pyramide, comme $P\,z\,z\,Q$ un grand Nombre, ou même un Nombre infini de Corpuscules, qui passent continuellémt selon la Longueur de la Pyramide, et qui vont tomber sur la petite surface $z\,z$. On peut distinguer dans la même, et dans celles qui sont égalemt inclinées sur $z\,z$, diverses Classes de ces Corpuscules, selon leur grosseur, leur

Figure, leur Vitesse, leur Mouvemt Circulaire, leur Ressort, et la maniere dont se fait leur Choc, sur la petite surface $z\,z$. Ces Classes étant distinguées, quoi qu'elles soient toujours jointes dans la Pyramide PZQ par exemple elles s'écarteront aprez la Reflexion; chaque Classe pourtant gardant toujours sa Reflexion particuliere. Je fais cette remarque, non pas qu'elle soit necessaire à ma Demonstration, qui subsiste égalemt soit que toute la Matiere, qui vient d'une Pyramide, se reflechisse dans une Pyramide égale, ou dans une Pyramide plus large ou plus étroite, que la premiere. Mais j'ai dessein, en entrant dans un si grand détail, de prevenir les Dificultez, que l'on se pourroit faire pour n'avoir pas bien compris ma Pensée. Or, dans cette Reflexion, il y a diverses choses, que j'ai déjá touchées ci-dessus, qui empechent ordinairemt que la Vitesse des Particules aprez le Choc, ne soit si grande qu'au paravant. Et premieremt leur Ressort, et si l'on veut celui du Corps C ne pouvant qu'à grand peine être entieremt parfait, la Reflexion diminue de la Vitesse, avec la quelle elles devroient s'éloigner du Plan $z\,z$. A cela il faut joindre le frottement en $z\,z$ pendant le Choc. Et ce frottemt, donnant un Mouvemt circulaire aux Corpuscules, qui n'avoient que le Mouvemt Progressif, diminue par là ce dernier. Dans le Cas où les Particules ont deja un Mouvemt Circulaire, il est evident, s'il n'est pas exactemt conservé (ce qui produiroit la même Reflexion que s'il n'y avoit eu que le Ressort, qui eut agi en z, sans frottement.) il est augmenté sans comparaison plus souvent que diminué.

Enfin le Mouvemt qu' une Particule produit dans le Corps C, diminue ordinairemt de quelque chose, la Vitesse de cette Particule aprez la Reflexion: et au contraire, ce Mouvemt, qui est produit dans le Corps C, ne sauroit repasser tout entier dans la Matiere, qui cause la Pesanteur; les autres Matieres plus grossieres et moins agitées, le diminuant toujours quelque peu. Il est bien evident que chaque Classe des Particules, qui tombent sur $z\,z$, non seulemt par la Pyramide PZQ, mais par toutes les autres, qui remplissent l'Espace autour de Z, il est evident, dis je, que chaque Classe, en Particulier, fait le Long de sa Pyramide un Vent, ou un Courant vers $z\,z$, d'une Matiere infinimt deliée, dont la Force est, dans la même Pyramide, reciproquemt. comme le Quarré de la Distance à $z\,z$. Et cela par ce que ce courant gardant toujours la même Vitesse, s'epaissit dans cette Proportion. Joignez plusieurs de ces Classes, qui fassent, dans la Même Pyramide, un Vent ou un Courant plus fort, contre $z\,z$; et la force de ce Courant, sera toujours dans la même Pyramide, reciproquemt comme le Quarré de la Distance. De même joignez plusieurs Classes reflechies, dans une même Pyramide, quoique venant peut étre originellemt, avant la Reflexion, de Pyramides differentes. Et la Force du Courant, qu'elle produiront, et qui s'éloignera de $z\,z$, sera dans la meme Pyramide, reciproquemt comme le Quarré de la Distance. Or comme ce que je dis d'une Pyramide se doit entendre de toutes, voilà dans chaque Pyramide, deux Courans oposez. Mais celui qui vient de $z\,z$, étant, à tout prendre, par les Raisons, qui ont été dites, plus foible que celui, qui va contre *z z*; s'il en est deduit, il restera un Courant qui ira vers *z z*; et qui aura toujours dans la même Pyramide une force, qui sera reciproquemt. comme le Quarré de la Distance. Mais, des Pyramides diferentes, la Force de ce Courant pourra étre diferente; et l'on pourroit chercher quelle elle resulteroit, dans les diferentes Pyramides, si les Corpuscules de nôtre Matiere agitée, etoient des Globes egaux, qui se mûssent, avant le Choc, indifferemmt en tous sens, avec une égale Vitesse, et sans Mouvemens circulaires. Il faudroit neanmoins que le Ressort fut conu; aussi bien que les Regles de la Reflexion, quand ils se produit des Mouvemens circulaires par le Choc. A present, si l'on achéve le Corps *z z*, qui est un globe par exemple et qu'on examine ce qui arrive, sur les autres parties de la surface, il es bien evident qu'à de grandes distances de ce Globe, d'ou son Diametre paroitra petit, la Force du Courant, qui tends vers *C*, sera reciproquemt. comme le Quarré de la Distance au Centre; et que cette Force, sera uniform, tout autour du Globe; d'où il paroitra enfin, que ce Courant perpetuel, vers le Globe *C*, causera dans les Corps ronds homogenes, et de même grosseur comme *N N*, qu'il trouvera sur son chemin, si on y en supose quelques uns, une Pesanteur vers ce même Globe, qui sera, dans les grandes Distances, reciproquemt comme les Quarrez des Distances mêmes.

Que si le Globe *C*, au lieu d'avoir une Solidité parfaite, a beaucoup de Pores; et qu'il donne, comme tous nos Corps terrestres, et même comme la Terre et les Planetes entieres, un passage fort libre, à la Matiere agitée en tout sens, qui cause la Pesanteur, le Raisonnemt precedent aura lieu, pour les Particules, qui se reflechiront, sur les Parties exterieures *z z* du Globe. Mais outre ces Particules là, il y en aura d'autres, qui ressortiront par des Espaces tels que *z z*, aprez avoir diversemt traversé le Globe. Quelques unes, qui feront incomparablemt le plus grand Nombre l'auront traversé directemt sans rien rencontrer. D'autres auront heurté dans leur chemin, contre des Parties interieures, et seront venues à *z z*, par des chemins plus ou moins detournez. Toutes ces Particules doivent étre de Nouveau distinguées, dans leurs Classes diferentes; et il faut negliger toutes celles, qui traversent le Globe, sans le Toucher; parce que leur efet est détruit, par une semblable portion de Particules, qui viennent des Cotez opposez de l'Espace. Les autres Particules perdent encore de leur Mouvemt en frapant contre les Parties interieures ou exterieures du Globe. D'ou l'on deduira comme cidessus, que dans une même Pyramide, le Courant, qui vient contre *z z* est toujours plus fort que celui, qui s'en éloigne; et que par l'excez de sa Force, il produit une Pesanteur vers *z z*, qui est dans la même Pyramide, reciproquemt comme le Quarré de la Distance. Et on trouvera encore que, dans les grandes Distances pour ne parler pas presentemt des autres, la Pesanteur contre le Globe, est reciproquemt comme le Quarré de la Distance, au centre *C*.

Si l'on supose que la Figure *R* (Fig. II) represente un amas trez petit de Globes egaux, dont les diametres soient infiniment petis; et dont les Disques apparens, aux Globes les plus voisins entre eux, soient aussi infinimt petis; il se formera autour de cet amas une Pesanteur, qui sera, si elle agit sur de petis Amas semblables, comme le Nombre de ces petis Globes *R* directemt, et comme le Quarré de la Distance aux Globes *R* reciproquemt Mais il n'y a pas d'aparence que les Corps terrestres ni ceux qui forment les Planetes, soient composées de cette Maniere; puisque les petis Globes *R* devroient necessairemt s'aprocher les uns des autres, à moins qu'ils ne fussent soutenus, ou pour de Verges, soit des Lignes inflexibles, qui s'étendissent des uns aux autres, et dont le Diametre fut infinimt plus petit que celui des Globes mêmes; ou par des Mouvemens circulaires ou par quelque autre cause centrifugue. Car il est bien croiable, au moins dans nôtre maniere de Philosopher, que les Corps terrestres, et mêmes les Corps grossiers de tout l'Univers, sont composez de Particules, dont la Masse soit veritablemt proportionelle à la surface (aussi bien que dans la suposition precedente:) de particules, dont la surface soit encore égalemt. et uniformemt tournée de tous cotez imaginables; comme dans la même suposition: enfin de Particules, dont la solidité soit aussi infinimt moindre, que l'Espace Vuide qu'elles laissent entre elles; ce qui se trouve aussi dans la suposition precedente. Mais il faut de plus, que dans les Amas entiers, qui se pourront faire de ces Particules, quand elles deviendront contigues entre elles, les mêmes choses aient encore lieu. Or cette condition oblige à multiplier extrememt le Nombre des Globes qui entreroit dans la Structure d'une seule Particule, ou d'un Atome de Matiere. Par exemple en observant toutes les autres conditions ci dessus, suposons qu'un Corps fut formé de plusieurs Atomes egaux, semblables chacun à des Rets ou Cages presque Spheriques, dont voici l'Idée. Imaginez un Icosaëdre, ou telle autre Figure que ce soit, reguliere ou Irreguliere, qui se puisse inscrire dans la Sphere, ou dans tout autre Solide qu'il Vous plaira. A chacun des Angles Solides imaginez de petis Globes egaux, joints entre eux par des Lignes inflexibles, disposées le long des Arrêtes ou Angles plans de la Figure: et que de ces seuls Globes et Lignes inflexibles il se forme, un seul Atome, parfaitement dur, et infinimt percé à Jour de toutes Parts. Si dans la structure de cet Atome il entre peu de Globes, un Atome semblable pourra s'unir à lui, en lui devenant contigu par trois Globes. Et le Composé de ces deux Atomes ne produira plus autour de lui une Pesanteur reciproquemt proportionelle au Quarré de la Distance. Il faut donc multiplier le Nombre des Globes dans ces Atomes, ou avoir recours à quelque autre Structure.

Or je n'en vois point de plus commode que celle, qui étant fait sur l'Idee precedente, en exclut seulemt les petis Globes ce qui pourtant n'est pas absolument necessaire; ou du moins les renvoie dans l'Interieur rezeau, en conservant les Lignes, ou les Arrêtes, qui s'unissant, dans les Points de Concours des

Angles Solides, fassent un Espece de Cage ou Rezeau, dont tous les Fils soient d'égale grosseur. Mais le Nombre de ces Arrêtes doit être extrememt grand, tant afin que les Arretes mêmes, se trouvant tournées en tous sens, l'Atome presente de toutes Parts, une égale Quantité de surface; qu'afin que deux Atomes, venant à s'unir le plus etroitemt qu'ils peuvent, leur Composé presente encore une même Quantité de surface de toutes Parts. Il est vrai neanmoins que la Nature ne paroit pas demander une exactitude si Geometrique et si Scrupuleuse. Car outre qu'il n'est pas trop certain, que les grandes Masses, homogenes, mais diferemt. denses d'un Diametre donné, par exemple d'un Diametre egal à celui de la Terre, produisent autour d'elles des Pesanteurs, qui leur soient exactement proportionelles dans la derniere Rigeur Geometrique: il est encore moins certain que les Corps terrestres etant divisez iusques dans leurs derniers Atomes, ceux-ci produisent de toutes Parts autour d'eux, une Pesanteur tout à fait reguliere, et toujours proportionelle à leur Masse. Mais j'ai voulu montrer, que s'il on veut absolumt nous astreindre à rendre Raison de ces Phenomenes, qui ne sont peut étre pas aussi generaux et aussi reguliers qu'on les imagine, les supositions precedentes pourront servir à continter les plus scrupuleux.

A ces Structures, que j'ai indiquées pour les Atomes des Corps grossiers, on peut ajouter celle ci, qui donnera des Atomes trez mobiles. Imaginez comme ci dessus, une Cage ou un Rezeau n'importe de quelle Figure ni de quel Nombre de Cotez; mais le plus grand semble étre le Meilleur. Au milieu concevez un Globe attaché, ou suspendu par des Verges inflexibles. Le Diametre du Globe est infinimt plus petit que celui du Rezeau entier: et le Diametre des Fils, qui composent le Rezeau et les Verges, infiniment plus petit que celui du Globe: et la surface, et à plus forte Raison la Masse du Rezeau, infiniment plus petite, que celle du Globe. Un Amas d'Atomes, comme celuici, fera une Masse attractive, à Proportion de la Densité. Mais c'est peut étre trop se borner que de croire que sans aucune Necessité aparente, la Nature se soit astreinte à des Structures, qui tendent à observer exactemt cette Regle, de rendre les Matieres grossieres attractives à Proportion de leur Masse. La Liberté de former des Atomes de Structure diferentes, pour en composer differens Corps, paroit étre tout d'un autre prix.

J'avoue neanmoins que l'Auteur de la Nature étant le Maître, de faire des Atomes de la Matiere Vuides par dedans, il peut toujour rendre la Masse de ces Atomes, proportionelle à leurs surfaces. Ce qui peut étre un secret dont il s'est servi pour conserver une plus grande Liberté d'en varier la structure: et pour diminuer d'autant plus la Quantité de la Matiere, necessaire pour la Construction du Monde.

Mais il y a plus de difficulté, pour faire que les Atomes tournent toujours de toutes Parts une égale Quantité de leurs surfaces. Et c'est ici ou la Geometrie la plus sublime a dequoi s'exercer, dans un Champ aussi peu frequenté, qu'il est vaste et dificile à courir.

Veut on par exemple, composer un Rezeau Spherique, ou tel autre que ce soit, de divers Cercles ou Anneaux Solides, infinimt deliez, à proportion de leurs Diametres; soit que ce soient par exemple, des Grands Cercles de la Sphere, ou de petis cercles, egaux ou inegaux: et veut on faire, que ce Rezeau tourne de toutes Parts, une égale Quantité de surface? On trouvera que chacun de ces Anneaux Circulaires, doit avoir pour la Section par son Axe deux Cycloides égales, qui se joignes par leurs extremitez; et dont la Base commune soit parallele à l'Axe de l'Anneau: si du moins on veut que ces Anneaux aient chacun en particulier, pour sa surface, la Proprieté que l'on cherche à donner à l'Atome entier, pour la sienne.

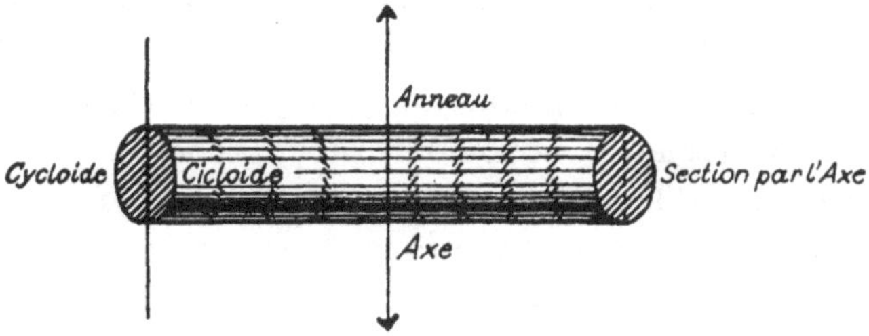

Fig. I.

On objectera, que suivant l'Hypothese, qui je propose, le Mouvemt de la Matiere trez agitée, qui produit la Pesanteur, se perdra et que cette Matiere s'epaissira extrememt autour les Globes tels que *C* (Fig. I) *A* cela je repond diverses choses. Mais pour ne parler ni des Fremissemens, ni des Mouvemens circulaires, qui se peuvent producire, et recompenser le Mouvemt perdu, je reponds principalemt. ce qui suit. La même Classe, qui se meut le Long d'une même Pyramide, comme *P Z Q*, se reflechit dans une Pyramide seule, comme *T Z V*, qui peut avoir un peu plus de largeur vers la Base. Mais cette augmentation ne fait rien à ma Demonstration qui tire d'ailleurs toute sa Force. Pendant un Tems égale à celui qui est emploié à parcourir *P Z*, avant la Reflexion, les Particules reflechies, ou qui ressortent par *z z*, viennent par exemple de *Z* en *tu* seulement, au lieu de venir en *T V*.

Mais ces Parties reflechies, ou qui ressortent par *z z*, vont constammt avec une meme Vitesse, en s'eloignant de *Z*; et font place en s'encoulant continuellemt aux autres qui leur succedent; desquelles elles évitent ainsi l'aproche; et par consequent previennent la Condensation, que l'auroit pû craindre. De sorte qu'il se fait veritablemt. autour du Globe *C*, la condensation, qui se produit, en reduisant la Matiere de *T Z V* en *t z u*. Mais ceux étant une fois fait, ce qui arrive en un moment, la Nouvelle condensation demeure la même, sans plus augmenter. L'espace *T V t u* s'augmente toujours, et s'éloigne incessamment et uniformemt. de *C*.

Mais pour juger combien *T t* est petite en Comparaison de *T Z*, on pourra consulter les Theoremes suivans; dont il y en a quelques uns, qui ont été cherchez, dans le dessein de trouver, par leur Moien, la Proportion entre ces deux Quantitez. Or ces Theoremes feront voir *T t* peut être aussi petite que l'on veut, à l'egard de *T Z*, jusques à etre infinimt plus petite. D'ou, il ne resultteroit qu'une Condensation infinimt petite, de la Matiere autour de *C*, quoique la même Pesanteur demeure.

THEOREMES.

Si un Coté d'une surface plane, par exemple la surface d'un Corps parfaitemt plan et solide, est exposé au choc de nôtre Matiere agitée indifferemt. en tout sens; la Force du choc sera parfaitemt la sixieme partie de celui qui le feroit, si tous les Mouvemens de la Matiere extrememt agitée étoient soudainemt rendus perpendiculaires au Plan de la surface, et composoient ainsi un seul Courant general.

Il y a des experiences qui démontrent que l'effet de la Pesanteur et du Ressort de l'Air est communiqué au Barometre, par le Choc libre des Parties de l'Air, sur la surface de l'Argent vif. Or la densité de l'Air étant donnée, et la Hauteur du Vif-argent, dans le Barometre l'étant aussi; on peut aisément par ce Theoreme conclure, comme je l'ai fait autrefois, qu'elle est la Vitesse des Parties de l'Air. Et l'on cessera d'admirer pourquoi, dans les tems les plus seraines, l'Argent vif monte d'avantage; puisque ce sont ceux où la Vitesse des Parties de l'Air doit étre la plus grande. Rien n'etant plus capable d'en retarder le Mouvemt., que les Vapeurs aqueuses, qui sont melées dans l'air, lorsqu'il est plus pluvieux, ou qu'il est agitée par les Tempêtes, qui accompagnent et qui precedent la Pluïe. Autour du Globe terrestre imaginez deux surfaces spheriques concentriques, assez voisines de la Terre, qui renferment entre elles une Portion de nôtre Aire. Regulieremt. cette portion de l'Air doit étre tranquile, et partant cet Air renfermé doit chercher à se faire Equilibre l'un à l'autre. Or il est plus dense dans les Lieux froids, et plus rare dans les Lieux chauds. Il faut donc necessairemt que la Densité dans les Lieux froids recompense la Vitesse de ses Particules dans les Lieux chauds, par un Equilibre aussi exact que la Nature le peut permettre. Et par consequent, toutes choses demeurant égales le Barometre doit étre sensiblemt à la même hauteur dans tous les Climats et dans toutes les Saisons de l'Année; non obstant la difference du Froid et du Chaud: de la même maniere qu'en Hyver sa hauteur doit étre sensiblemt la même, soit que la Chambre où il est soit froide, soit qu'il y fasse entieremt chaud. Ce qui peut seul en diminuer la hauteur est une trop grande rareté, par rapport aux autre Climats; et cela causse necessairemt des Vents orageux, pour remettre l'Equilibre; ou c'est un Obstacle au Mouvemt des Parties de l'Air. Ce qui venant vraisemblablemt de trop de parties aqueuses et grossieres, qui sont incapables d'avoir les Mouvemens qu'ont les autres Parties deliées de nôtre Aire, et qui même les embarrassent et les arrêtent, il n'est pas étonnant que ces Parties aqueuses viennent bientôt à se condenser en Neiges ou en Pluies. On peut trouver la Vitesse des Mouvemens entremêlez du Vif-argent, et des autres Liqueurs, par l'Observation de leur Pesanteur et de leur Resistence: ce qu'on aura Lieu de reconnoitre dans la suite.

Soit *C* le Centre d'une Hyperbole (Fig. III) *A T*, dont les Asymptotes *B C*, *C t* fassent ensemble un Angle de 135 Degrez. Et aiant élevé *C A* perpendiculaire, sur *B C*, et rencontrant l'Hyperbole *A T* en *A*, soit menée d'un Point *Z*, dans l'Asymptote *B C* prolongé, la Ligne *Z t T*, parallele à *C A*, et coupant l'Asymptote *C t* en *t*, et l'Hyperbole *A T* en *T*. Comme dans ma Theorie je supose que deux Courans oposez *T Z*, *Z t* produisent la Pesanteur par la Difference de leur Vitesse qu'auroient alors les Particules de nôtreMatiere. Or cette Vitesse *A C* depend tant de la densité qu'on donne à la Matiere agitée, que de la Portion qu'il est necessaire de prendre de cette même Matiere, pour l'emploier à produire la Pesanteur, et qu'enfin de la Contexture des Corps terrestres, qui determine cette Portion. Et je dis que prenant le point *Z* où l'on voudra, les Lignes *T Z* *Zt* representeront les Vitesses des deux Courans oposez de la même Matiere, qui seront capables de produire la même Pesanteur. Or comme en augmentant la Vitesse, on peut prendre *T Z*, *Z t* dans une Proportion entre elle, si aprochante de l'Egalité que l'on voudra, quoique le meme effet de Pesanteur demeure, on voit qu'il ne se perdra par la Reflexion de notre Matiere, et par la Resistence à son Passage à travers la Terre et les Planetes, que si peu que l'on voudra de son Mouvemt. Dautant plus que tous ces Corps, quelques grands qu'ils paroissent, et sur tout leurs Parties solides, ne remplissent qu' une Portion extremt petite, de l'Espace qu'il y a d'ici aux Etoilles fixes les plus voisines.

Supposant que la même Pesanteur soit Produite par une Matiere plus ou moins dense, *AC* doit étre prise reciproquemt en Raison soudoublée de la Densité de la Matiere, qui cause la Pesanteur: Et la dessus l'Hyperbole *A T* doit étre construite. Ainsi suposant que *T t* soit $\frac{1}{1\,000\,000}$ Partie de *T Z*, en changeant la Densité, il faudra pour produire la même Pesanteur, avec la même Perte de Mouvemt, changer *T Z* reciproquemt en Raison soudoublée de la Densité. C'est à dire que dans une Densité qui soit $\frac{1}{100}$ par exemple de la Densité qu'on avoit d'abord suposée, en d'écrivant l'Hyperbole *A T*, *T Z* devra étre dix fois plus grande, afin qu'elle puisse garder sa Proportion avec *Z t*, c'est à dire afin que le Mouvemt soit égalemt conservé dans la Reflexion. Et par ce moien, on voit comment, avec une Matiere aussi rare que l'on voudra, on produira la même Pesanteur; et comment neanmoins, en la produisant, avec cette Matiere rare, on ne perdra par son Choc, sur les Corps grossiers, qu'une Partie si petite que l'on voudra du Mouvemt, non pas de toute cette Matiere, mais d'une Portion déja infinimt petite de ce qu'il y a de cette Matiere, qui tombe sur l'Espace qu'occupe le Globe de la Terre. De lá il paroit que le Mouvemt de nôtre Matiere se conservera dans saVigeur aussi longtems que l'on voudra; quoique l'on supose dans l'Univers plusieurs Globes, comme le Soleil et les Etoilles, les Cometes, les Planetes e. c. t; autour desquels cette même Matiere doit continuellemt produire des Pesanteurs, semblables à celle qui se ressent autour de la Terre, mais plus ou moins fortes. Car il faut bien se souvenir, que dans les Theories, ou l'on fait entrer l'Immense, on peut emploier tant d'Immenses que l'on veut, et même une Infinité, qui pourtant soient par ordre chacun infinimt plus grand ou infinimt plus petit que tel que l'on voudra des autres.

La frequence du Choc des Particules parfaitement dures entre elles, et des autres Parties de nôtre Matiere, qui pourroient n'avoir pas un Ressort presque parfait, et ne pas recevoir dans leurs Fremissemens tout le Mouvemt qui se perd par le Choc, la Frequence, dis-je du Choc de ces Particules entre elles, depend de la Grandeur de leurs Diametres, du Nombre de ces Particules, de leur Vitesse, et en quelque sorte de leurs Figures. Or de cette Frequence dépend la Perte, qui se fait du Mouvemt; par la Rencontre des Particules mêmes. La quelle perte se trouvera d'autant plus diminué, que l'on osera suposer, dans les plus petites Parties de la Matiere, un Ressort plus parfait.

Si les Figures des Particules de nôtre Matiere sont suposés Spheriques et trez polies, parce qu'ainsi elles frapent plus egalemt, et ne sont pas si disposées à prendre des Mouvemens circulaires dans leurs Chocs contre les autres Corps, je trouve que la Frequence de leurs Chocs, en diverses Suppositions, que l'on peut faire, sera comme $u\,n\,d^2$ ou comme $\frac{u\,n\,d^3}{d}$. Or je supose que u soit la Vitesse des Particules, n leur Nombre, d la Grandeur de leurs Diametres; ce qui donne par consequent $n\,d^3$ pour leur Densité. Ainsi donc gardant la Vitesse, et la Grosseur des Particules, dans un Nombre de Particules le triple plus grand, ou dans une Densité le triple plus grande, la Frequence du Choc soit triple. Et dans une Vitesse triple, gardant le reste, les Chocs seront aussi le triple plus souvent. Et gardant la Densité et la Vitesse, si on triple le Diametre des Particules, ou, ce qui est le même, si on prend le Nombre des Particules 27 fois plus petite, les Chocs se feront le triple moins souvent; car les Chocs seront reciproquemt comme le Diametre des Particules. Que si on triploit seulemt le Diametre, en gardant la Vitesse et le Nombre des Particules, la Frequence du choc seroit 9 fois plus grande. Aiant la Vitesse, et la Densité de la Matiere, on fera la Frequence du Choc si petit que l'on voudra, en augmentent le Diametre des Particules: ce qui changera leur Nombre en la Raison reciproque du Cube de leur Diametre. Et on a ici une Latitude immense, pour choisir la Vitesse des Particules, leur Nombre et leur grosseur, comme l'on voudra. Mais je suis porté de toutes manieres à augmenter la Vitesse à l'Infini: pourvû qu'en produisant la même Pesanteur, on puisse diminuer à l'Infini la Frequence du Choc des Particules entre elles, et la Densité de la Matiere, qui doivent produire cette Pesanteur. Et c'est aussi que l'on peut toujours faire.

Si quelqu'un est etonné de l'Usage si Frequent que je fais des Infinis, ou plutôt des Immenses, il n'a qu'à considerer que, pour accommoder toute ma Théorie, à l'Etendue qu'il voudra donner à son Esprit, il ne faut que substituer partout au lieu du mot d'Infini ou d'Immense, celui d'extrememt grand. Et les Inconveniens que j'évite entieremt., en emploiant l'Infini avec tant de Liberté, diminuerait à son choix, d'autant plus, que les Quantitez qu'il aura prises, seront plus grandes.

Mais qui osera borner la Divinité, et lui prescrire des Vitesses, des Nombres et des Petitesses, au dela des quelles Elle ne puisse point aller? Ne vaut-il pas mieux concevoir que rien n'est capable de la limiter; et tâcher de decouvrir, comme à la trace, l'Infinie Simplicité des Principes, sur les quels Elle agit, et la Sagesse Immense qui regne dans ses Ouvrages? Et pourquoi craindre de voir des Marques trop palpables de Sa Puissance, de Sa Presence en tous Lieux, et de Sa Superiorité inexprimable par dessus les Etres, qu'Elle a créez.

On peut démontrer qu'il ne sauroit avoir d'autre Cause Mechanique et Universelle de la Pesanteur, que celle que j'indique: A la quelle cause on peut joindre un ou deux autres qui n'en sont que des Branches assez imparfaites, et qui sont tout deux renfermées dans mes supositions principales. Imaginez le Globe de la Terre, et tous les autres Globes celestes, autour desquels nous savons qu'il y a une Pesanteur, qui arrondit leurs Masses, et qui décroit autour deux Globes, dans la même Proportion que le Quarré de la Distance à leur Centre augmente. Prolongez de Part et d'autre, à l'Infini, quelque Diametre que ce soit, de tels qu'il Vous plaira de ces Globes. La Matiere, qui doit causer la Pesanteur, aura, à la ronde de cette Ligne infinie, des Mouvemens tout à fait semblables. De maniere que cette Ligne infinie pourra passer pour un Axe de ces Mouvemens. Et c'est ce que Mr. Hugens paroit fort bien avoir senti, dans le Traité qu'il a écrit, sur le meme sujet. Or cela n'arrive Universellemt que dans le seul Mouvemt rectiligne, indifferemt en tous sens. Et c'est aussi de ce seul Principe, que j'ai deduit, comme l'on a vû, toute ma Theorie. Mr. Hugens, ajant jugé trop tôt que des Mouvemens rectilignes ne pouvoient jamais determiner la Matiere à tendre vers un Centre, n'a pas pû s'empecher de tomber dans l'Hypothese, qu'il a rendue publique; et qui étoit la seule, qui lui restoit à suivre. J'espere que le Lecteur n'attendra pas, que j'en fasse voir, l'Insuffisence et les Defauts; et combien elle s'éloigne de cette infinie Simplicité qui regne dans la mienne. S'il faut choisir entre l'une et l'autre, il ne me semble pas qu'il y ait le moindre lieu d'hesiter. Mais j'avoue que je ne me tiens point trop assûré que la Pesanteur ne soit un Effet immediat, de la Volonté de Dieu; et l'une de ces premieres Regles, par les quelles il gouverne l'Univers. Il est vrai qu'on ne peut rien trouver de plus simple, ni de plus aisé, ni d'une moindre Dependence, que ce que j'ai suposé ci dessus. Que les Matieres et les Mouvemens, que je reçois, sont d'ailleurs nécessaires, pour rendre Raison de quelques Phenomenes de la Nature. Que l'extreme Rareté des Corps terrestres et de tout la Matiere, qui compose l'Univers, se manifeste evidemment d'ailleurs, par plusieurs preuves, aux quelles il n'est pas aisé de resister. Que mes supositions etant une fois accordées, elles s'entretiennent pour toujours d'elles mêmes et produisent ainsi des Effets d'une si grande Utilité, qu'ils semblent étre la premiere Base, sur la quelle Dieu a formé l'Idée du Systeme du Monde, et sur la quelle il a ensuite élevé la Structure des Animaux, des Plantes et des autres Corps particuliers, qui remplissent nôtre Terre et les Astres. Mais il n'est pourtant pas impossible, ni même hors de vraisemblence, que Dieu par une premiere Loi, ait établi que la Matiere s'attirât mutuellemt, avec une force proportionelle à sa Masse, et reciproque au Quarré de la Distance. Je ne vois pas qu'il y ait, ni qu'il y puisse avoir un troisieme partie. Et comme le Vuide est egalemt necessaire dans tous les deux, il paroit qu'on ne peut s'empêcher de le recevoir.

A cette premiere preuve, par où j'établis la nécessité du Vuide, on peut ajouter les suivantes. Premieremt l'Etendue simple, nous donne toute une autre Idée que l'Etendue revêtu de Solidité ou d'Impenetrabilité, et de Mobilité. L'une et l'autre de ces Idées est claire, dans Nôtre Esprit. La premiere est cette Vuide, et la plus claire des deux. L'autre est celle du Corps, ou de la Matiere. Je ne sens pas aucune subtilité de Metaphysique me les puisse jamais faire confondre, ou prendre pour une seule et même Idée. Scondemt. j'ai une Demonstration exacte, que le Mouvemt ne sauroit étre aussi facilemt en tous sens, que nous l'observons dans la Nature, s'il n'y avoit non seulemt du Vuide, mais même incomparablemt plus de Vuide que de plein. Suposons un Vuide parfait, ou avec les Cartesiens, une Matiere ou une Etendue, qui soit sans Action et sans Resistence, c'est à dire qui n'aide ni ne retarde aucunemt les Mouvemens des Corps. Dans cette Etendue le Mouvemt d'un Corps donné, sera parfaitemt libre. Suposons dans la même Etendue une Poussiere fort rare; ou une Matiere trez deliée, égalemt dispercée de toutes Parts, dont les Particules soient separées et chacune en Repos; et auxquels on restitue le Pouvoir de resister, que nous observons dans tous les Corps, par toutes sortes d'Experiences. Le Corps donné commencera de sentir de la Resistence à son Mouvemt et cette Resistence sera d'autant plus grande, que la Densité de cette Matiere sera plus grande et le Corps donné moins grand et plus Poreux. Suposons maintenant les Parties de cette Poussiere diversemt agitée en tous sens. Je demontre que la Resistence au lieu de diminuer par là, comme le voudroient les Cartesiens, augmente au contraire, et augmente d'autant plus, que la Vitesse des Parties de cette Matiere dispercée sera plus grande. Qu'on remplisse l'Espace d'une plus grande Quantité de la Matiere immobile, à la quelle on restitue, comme ci dessus, le pouvoir de resister. La Resistence augmentera sur ce Chef. Qu'on agite cette Matiere de plus en plus, en tous sens, et la Resistence augmentera toujours de plus en plus. Enfin qu'on remplisse tout l'Espace d'une Matiere immobile, et la Resistence sera immense. Je n'ose determiner ce qui arriveroit, si l'on exagitoit extremt cette Matiere: parce que l'Agitation et les Mouvemens entremêlez étant à mon sens impossibles, dans une Densité et dans une Solidité parfaite, je craindrois que l'absurdité de cette suposition n'influent les consequences qu'on n'en pourroit tirer. Mais il paroit au moins, par ce qui precede, que les Mouvemens entremêlez de Matiere sont un mauvais secret, pour en diminuer la Resistence. La quelle augmentant toujours et sans aucunes bornes, avec ces Mouvemens entremêlez et avec la Densité, à mesure que l'Espace se remplit, il n'y a pas lieu de s'imaginer que dans l'instant, qu'il acheve de se remplir, toute cette Resistence se puisse evanouir, comme en un Moment. Au contraire ceux qui sont accoutumez à la Geometrie, et aux Methodes des Exhaustions, verront bien, que si le reste de ma Demonstration a lieu, c'est alors sur tout que la Resistence doit etre la plus grande.

Il ne reste aux Cartesiens, pour éviter la Force de ce Raisonnemt, que d'assurer comme ils font, qu'il y a une Matiere qui resiste au Mouvemt, et une autre Matiere qui n'y resiste point; mais qui s'accommode, avec une infinie facilité, à toutes les Irregularitez des surfaces des Particules et des Pores des Corps. Or j'avoue aussi qu'il y a une Etendue, revêtu de la Proprieté de resister, et une autre Etendue qui ne resiste point au Mouvemt. Si nous convenons dans l'Idee principale, qu'on me laisse la Liberté d'appeler, avec le reste du Monde, ce que je me represente par la premiere de ces Idées, Corps; et ce que je me represente par la seconde, Vuide ou Espace. Puis qu'il est evident que ces Idées sont distinctes, elles peuvent bien avoir des Noms differens. Mais il ne seroit pas aisé de comprendre comment, observant, dans toutes les Matieres, que nous connoissons, une Force palpable de resister; qui en effet n'est point differente de la Force, par la quelle la Matiere agit, quand elle est en Mouvemt et qui ne s'evanouit jamais, ni par le Mouvemt, ni par la Division. Il y pourroit neanmoins avoir une Matiere, ou cette Proprieté disparut entieremt. Les Proprietez essentielles de toutes sortes de Matieres, sont celles que nous observons, dans toutes les Matieres qui nous sont connues. Et sur quel fondemt irons nous imaginer une Matiere depouillée de ces Proprietez et entieremt inutile dans l'Univers ? c'est à dire une Matiere sans Action, sans Force et sans Resistence, dont les dernieres Parties soient essentiellemt molles, de sorte qu'elles s'ajustent non obstant les Mouvemens les plus rapides, jusques à se toucher mutuellemt et sans relâche, par toute l'Etendue de leurs surfaces.

Que s'il y a une Matiere essentiellemt molle, comment est-il possible qu'il y ait quelque Matiere, qui n'ait pas la même Proprieté ? Mais il est evident par la Dureté que nous trouvons en certains Corps, et par la Resistence même des Corps fluides, qu'il y a de la Matiere qui n'est pas essentiellemt molle. En un mot, si nous sommes contraints d'admettre deux Matieres absolumt differentes, d'ont l'une, scavoir la Molle ou la Fluide, n'ait aucun pouvoir sur l'autre, savoir sur le Solide non pas meme le Pouvoir de lui resister, ni par consequent le pouvoir de l'agiter, en quoi differeront ces Idées d'avec celles du Corps et du Vuide, si non en ce que les dernieres, sont incomparablemt les plus distinctes ? Qui dit etendue dit une chose complete, uniforme par tout, absolumt simple, à l'Idée de la quelle il ne manque rien, pour la rendre entiere et parfaite. Et quelle seroit cette nouvelle Philosophie qui reconoissant dans la Matiere Solide, le pouvoir de l'agiter et d'écarter la Fluide, et de se faire un Passage à travers d'elle, voudroit neanmoins assûrer, que tout cela se fait sans Reaction, sur la Matiere solide, et sans Resistence; en un mot, sans qu'il y ait aucune difference par rapporte à la Matiere solide, d'avec ce qui arriveroit dans un Vuide parfait ? Enfin on ne sauroit voir rien de plus foible, que les preuves par les quelles les Cartesiens veulent persuader que toute Etendue est Matiere. D'ailleurs de ce que nous connoissons des Matieres, qui font un composé mol ou liquide, dont neanmoins la Force de resister et d'agir nous est palpable, par toutes les Raisons, qui nous assurent de l'Existence de ces Matieres mêmes, il ne s'ensuit pas, qui'il y puisse avoir quelque Matiere absolumt depouillée de solidité, ou de Dureté. En effet rien n'empêche qu'un Amas de Corps durs, trez-petis, ne fasse un composé mol et qui cede très facilemt au Mouvemt des Corps grossiers. Quoi qu'il en soit, comme je demontre qu'il n'y a point d'autre cause Mechanique et Universelle de la Pesanteur, que celle que je donne, et qu'elle supose nécessairemt le Vuide, il faut conclure ou qu'il y a du Vuide, ou qu'il n'y a point de Cause Mechanique de la Pesanteur. Et s'il n'y a point de cause Mechanique de la Pesanteur, il faudra, comme je l'ai déja dit ci-dessus, conclurre encore, par un autre retour qu'il y a du Vuide. La Raison en est, qu'il semble qu'on ne puisse s'empêcher en ce cas, de suposer que toute Matiere pese à Proportion de sa Masse. Mais il est aisé de demontrer que tout Etendue ne pese pas à Proportion de sa Masse. Ce qui établit la Distinction, qui est entre l'Etendue et la Matiere.

Suposant l'Existence de la Divinitée, la Durée ou le Tems, et un Espace absolument infini et entieremt Vuide; on demande par quel Artifice simple, et intelligible aux Hommes, Dieu pourroit produire dans cet Espace, ou un Monde, tel que nous le voions; ou bien, un Monde, qu'il ne fut pas possible de distinguer, par aucun de ses Phenomenes, de celui qui nous est connu. C'est à dire, qu'on demande une Idée simple, qui comprenne des Proprietez toutes semblables à celles de la Matiere.

Nous concevons d'abord, que les Parties de l'Espace, sont toujours intimemt connus à la Divinité, aussi bien que celles du Tems.

Imaginez dans cet Espace Vuide sans y rien ajouter ou changer, la Figure d'une Sphere immobile, d'un Pied de Diametre; qui ne soit rêvetue de rien de corporel, et qui ne differe du reste de l'Espace, qu'en ce que nous voulons ainsi l'imaginer à part. Et appellons cette premiere Figure spherique A. Suposons maintenant que l'Esprit seul continuant d'agir A commence pour ainsi dire, à être imaginée se mouvoir uniformemt en Ligne droite, et d'écrire cent fois son Diametre, pendant le Tems T, continuant eternellemt à suivre la même Route. A chaque Instant l'Esprit conçoit fort bien en quel Lieu cette Figure Spherique A doit étre imaginée. Et, si la Divinité entroit dans les mêmes supositions Elle sentiroit, pour ainsi dire, et connoitroit pour tous les Tems, le Lieu, où la Figure spherique A se doit trouver.

Imaginez de même de pareilles Figures spheriques B, C, D, E de telles grandeurs que ce soit, et tant d'autres qu'il vous plaira, qui soient d'abord conçeues comme étant en Repos. Et qu'aprez un signal donné ces Spheres doivent étre cherchées par l'Esprit chacune sur une Route particuliere; dans les quelles Routes elles soient suposées marcher uniformemt en Lignes droites. Et voila déja comme une Idée du Mouvemt, quoique nous n'aions propremt encore rien de corporel.

Qu'aprez un Nouveau signal donné, il soit dit, que ces Figures spheriques A, B, C, D, E etc., continueront toujours d'être considerées, comme se mouvant uniformt en Lignes droites; mais avec cette restriction, que les surfaces de deux de ces Figures spheriques, venant à se toucher dans leurs Mouvemens, dez ce Moment, ces Figures seront connues comme abandonnant leurs premieres Routes, et leur premieres Vitesses, pour en prendre de Nouvelles, quelles ne quiteront point, que par un pareil Accident. Le tout se determinant par des Regles toutes semblables à celles, que la Nature observe dans les Chocs et dans les Reflexions des Corps infiniment durs.

Nous avons donc ainsi non seulemt une Image des Mouvemts des Figures et de la grandeur des Corps; mais encore de leurs Reflexions par le Choc; et d'une solidité ou Durete parfaite, accompagnée, si l'on veut, d'un Ressort presque absolumt parfait.

Etendons nos supositions jusques à concevoir, sous les mêmes Idées tous les Espaces, qui sont dans ce Moment occupez par des Particules de Matieres dans l'Univers. Et nous verrons d'abord que, si nous avions l'Esprit assez élevé, nous pourrions suivre à travers de l'Etendue, comme à la Trace, les Figures de ces Particules, dans leurs differens Mouvemens, et dans leurs differentes Reflexions; et leur voir faire un jeu tout semblable à celui qui se passe dans le Monde; ci ce n'est autant que des Agens libres viendroient à le troubler.

On demande maintenant, comme nous concevons que Dieu a uni des Esprits à des Corps si nous ne concevons pas de même qu'il puisse unir des Esprits à quelques unes de ces dernieres Figures, duremt construites que nous venons Imaginer dans l'Espace; et leur faire sentir toutes les memes choses, que ressentent par Exemples les Ames humaines, à l'occasion des Corps humains, et d'autres Matieres, qui les environnent?

Je ne sai si les autres Hommes en jugeront comme moi. Mais d'abord que cette Question me fut proposée, je repondis, que je ne pouvois absolumt. voir aucune Difference, entre le premier Monde, que j'avois conus jusques alors et celui, dont on venoit de me donner l'Idée. Idée qui me charme encore aujourdhui, par cette Simplicité et cette Beauté infinie, qui sont toujours comme les Messagers de la Verité,

Cette Pensée ne laisse qu' une trez petite Difference entre le Corps et l'Espace. Mais une Difference, qui a pourtant quelque chose de si réel, qu'il n'en faut pas d'avantage, pour concevoir les premiers fondemens des Phenomenes de toute la Nature.

Que si cette Idée de la Matiere est recevable, et qui pourroit nous prouver qu'elle ne le soit pas ? Si cette Idée, dis-je est recevable; on peut croire que Dieu n'a formé qu'autour de Matiere, qu'il en faloit nécessairemt, pour suffire à tous les Phenomenes, et à tous les Effets, qu'il vouloit produire dans l'Univers. Ou, si la Quantité de la Matiere n'est pas assez determinée par là, il demeure pourtant vraisemblable que Dieu n'aura pas pris plaisir à produire inutilemt.

PROBLEME II.

Soit *A B* un Plan infini, exposé au Choc d'une Matiere rare, egalemt agitée indifferemmt en tous Sens, et repandue dans tout l'Espace, qui est audessus du Plan *A B*. On demande la Proportion du Choc de cette Matiere, contre le Plan *A B*, avec celui que l'on auroit, si tous les Mouvemens de la même Matiere etoient soudainemt. tournez d'un seul côté, et rendus perpendiculaires sur *A B*.

Solution.

Sur le Plan *A B* (Fig. IV) soit prise une surface infinimt petite zz; de la quelle comme Centre, soit decrite à discretion la sphere *C D E C*; dont le Raion *Z D* soit perpendiculaire au Plan *A B*. Imaginez que le Raion *Z D*, soit divisée en une infinité de Parties égales, par des Plans paralleles à *A B*: et ces Plans partageront la Surface Hemispherique *C D E* en une infinité de Zones égales. Du même Centre *Z*, et d'un Raion *Z V* plus grand que *Z D*, soit derite une autre surface Hemispherique *F V G*. Et faisant *Z* le sommet d'une Infinité de Cones, qui aient pour Bases les Cercles qui partagent l'Hemisphere *C D E*; les surfaces de ces Cones representées par les lignes *I K*, partageront l'Ecorce Hemispherique *F V G E D C*, en une infinité de Ceintures égales.

A present suposons que la Ligne *D V*, égale à v, qui est l'Epaisseur de ces Ceintures, represente aussi la Vitesse de chacunes des Parties de nôtre Matiere, ou la Longeur des Lignes, qu'elle decrivent, pendant un Instant donné. Et soit la densité de cette Matiere comme δ. Soit r le Raion *Z D*, et c la circonference entiere *D E C D*. Enfin que chacune des Parties, dans les quelles le Raion *Z D* est divisé, soit faite égale à l'unité. Sur ces fondemens chacune des Ceintures, dans lesquelles l'Ecorce Hemispherique *F V G E D C* est divisée sera $1\,v\,c$. Et la Matiere que chacune de ces Centures contiendra, sera $1\,\delta\,v\,c$.

Les disques aparens de zz, à chacune de ces Ceintures à ommencer par les plus basses, seront comme $\frac{1\,zz}{r}$ $\frac{2\,zz}{r}$ $\frac{3\,zz}{r}$ jusques au plus grand $\frac{r\,zz}{r}$.

La Force avec laquelle chaque Particule de Matiere frape son coup sur $z\,z$, dans les Centures differentes sera par ordre comme 1 2 3 jusques à la plus grande r.

La quantité de Matiere dans chacune de ces ceintures est toujours $1\,\delta\,v\,c$ $1\,\delta\,v\,c$ $1\,\delta\,v\,c$ jusques à la dardiere $1\,\delta\,v\,c$.

Multipliant ces trois suites les unes par les autres, pour avoir la Proportion de l'effort de la Matiere contenue en chaque ceinture contre $z\,z$, on aura une suite qui sera comme celle des Nombres Quarrez 1 4 9 e. c.

Et dont le dernier terme, savoir l'effort sur $z\,z$, de la Matiere contenue dans la plus haute Ceinture ou Zone, se determine par l'Analogie suivante. Comme $z\,r\,c$, c'est à dire la surface spherique toute entiere, et décrite du Centre Z et $D\,Z$ pour le raion, est à la petite surface $z\,z$; ainsi $1\,\delta\,v\,c$, ou la Matiere contenue dans la plus haute Zone, est à $\frac{1\,\delta\,v\,c}{2\,r}$, qui est la Partie de cette Matiere, qui vient fraper contre $z\,z$, pendant un Tems donné. Or la Vitesse est comme v, et par consequent son effort sera comme $\frac{1\,\delta\,v\,v\,z\,z}{2\,r}$ qui fait le dernier terme de notre suite des Quarrez.

D'ou il s'en suivra par les Principes de l'Arithmetique des Infinis, la quelle comme plus connue, j'ai mieux aimé emploier ici que le Calcul des Fluxions, que la somme entiere de cette suite, ou tous les efforts sur $z\,z$, sera comme $\frac{1\,\delta\,v\,v\,z\,z}{6}$. Mais si tous les Mouvemens de nôtre Matiere sont rendus perpendiculaires sur $A\,B$, l'effort sur $z\,z$ sera, pendant le même temps comme $zz \times v \times \delta \times v$, c. à dire 6 fois plus grand que n'étoit l'Effort de nôtre Matiere, pendant que ces Mouvemens se faissoient indifferemt en tous sens. Ce qui etant general pour toutes les autres Parties du Plan $A\,B$, le Probleme proposé se trouve entieremt resolu.

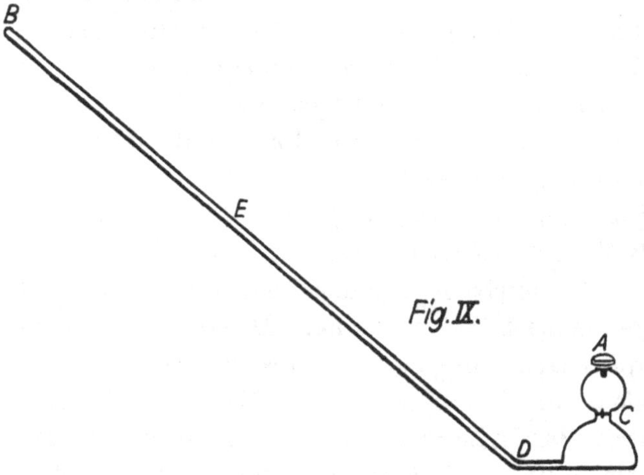

Fig. IX.

Sur ces Fondemens on peut imaginer un Thermometre, qui marquera toujours la Veritable agitation des Parties de l'Air; la quelle on pourroit prendre pour la Mesure de la Chaleur.

Aiez par exemple un Tuiau de Verre fort long, tel que celui qui est representé dans cette Figure IX. Il est fermé en B et ouvert en A. Remplisser le de Vif-Argent, à l'Air, dans un Tems calme et serain, et l'orsque l'Eau commence à geler par le Froid. Et l'aiant laissé se vuider de soi même vers B, autant qu'il le peut dans la situation naturelle, faites, en ôtant ou ajoutant du Mercure, que la surface C soit alors, dans le Milieu de la Partie plus étroite du Verre. En cet Etat bouchez l'ouverture A, avec un Bouchon de Verre usé, fait exprez et couvrez ce Bouche d'une Vessie bien liée.

Pour l'Usage penchez cet Instrument en le faisant tourner sur un Axe horizontal qui repond derriere C, jusques à ce que les surfaces du Vif argent viennent s'arrêter, à des Points determinez C et E. Alors la surface E marquera, sur des Lignez horizontales tracées contre le Mur. les pouces d'Elevation du Vif-Argent pardessus C. La Pression du l'Air renfermé, sur la surface C, sera comme la Racine de la Difference de Hauteur, selon le Niveau des surfaces C et E: ou comme l'ordonnee passant par E, d'une Parabole, dont le sommet regarderoit en bas, et seroit placé à la Hauteur de C. Et cette Pression est proportionelle à la Vitesse des Particules de l'Air $A\,C$. — Si on remplit ce Thermometre au Tems du plus grand froid il faudra marquer le penchant qu'il aura, ou plûtot la Hauteur du Mercure, dans le Tems que l'eau commencera simplemt de se geler.

Ont peut aussi appliquer cet Instrument à trouver la Densité de l'Air calme et serain, en toutes saisons, avec le secours d'un Barometre.

PROBLEME III.

Determiner dans un Espace Infini, une Infinité d'Immenses, tous par Ordre infinimt plus grands les uns que les autres, et sans qu'ils touchent entre eux.

Ce Probleme peut avoir une Infinité de Solutions. Je me contenterai de donner la suivante. Soit de Point A (Fig. V) une Ligne infinie, perpendiculaire au plan de ce Papier: la quelle, il faut concevoir comme divisée, en une Infinité de Parties égales, par exemple en Pouces. Par tous les Points des Divisions, concevez des Plans infinis, perpendiculaires à la Ligne A. Et ces Plans seront eloignez entre eux de la Distance d'Pouce.

Soit $A\,X$ une Longueur immense, et $X\,Y$ perpendiculaire sur $A\,X$, une pareille Longueur. Prenez à discretion sur $A\,X$ la ligne finie $A\,B$, et elevez $B\,C$, perpendiculaire sur $A\,X$ et égale à $A\,B$. Soient $A\,B$, ou $B\,C$ les Parametres d'une Infinité de Paraboles $A\,C\,Y$, $A\,C\,2\,Y$, $A\,C\,3\,Y$ e. c. t. dont $A\,X$ soit l'Axe, A le sommet et C un Point commun, ou elles se coupent toutes. Et soient toutes ces Paraboles continués jusques à la Ligne $X\,Y$. Les Equations de ces Paraboles sont toutes suposées de genre diferens entre eux, et sont experimées generalemt par l'Equation $y^m = x$; où m represente tel Nombre que l'on voudra. Soient donc ces Equations determinées en faisant successivemt m égale à 1, à $1^1/_2$, à 2, à $2^1/_2$ e. c: à l'infini. Et les Espaces Paraboliques correspondans $Y\,C\,A\,X$, $2\,Y\,C\,A\,X$, $3\,Y\,C\,A\,X$ e. c. seront tous infinis, et chaqu'un infinimt plus petit, que tout autre de ces dits Espaces. Il en est de même des Espaces $YCBX$, $2\,YCBX$, $3\,YCBX$ et c.

Soient imaginez les Plans infinis AX et XY perpendiculaires au Plan du Papier, et que la Premiere Parabole $YCAX$ soit décrite sur l'un des Plans paralleles susdits: la seconde Parabole $2\,YCAX$ sur le Plan suivant, la troisieme Parabole $3\,YCAX$ sur le Plan suivant; et ainsi à l'Infini. Et que sur les Espaces Paraboliques $YCAX$, $2\,YCAX$, $3\,YCAX$ e. c.: comme Bases, on éleve des Parallelepipeds de $1/2$ Pouce d'Epaisseur. De toutes ces Parallelepipedes, infinis en Nombre, il n'y a aucun qui ne fasse un solide immense, et en même Tems ou infinimt plus grand, ou infinimt plus petit, que tel que l'on voudra des autres Parallelepipedes semblables.

Ainsi prenant m égale à 1, à 2, à 3 e. c., à l'Infini, et faisant $AX = \omega$: ces Parallelepipedes sont entre eux comme $\frac{1}{2}\,\omega^2$, $\frac{2}{3}\,\omega^{\frac{3}{2}}$, $\frac{3}{4}\,\omega^{\frac{4}{3}}$, $\frac{5}{6}\,\omega^{\frac{6}{5}}$ e. c. à l'infini.

Or ces Quantitez sont chacune infinimt plus grande ou infinimt plus petite que telles qu'on voudra des Quantitez restantes. Ainsi entre $\frac{4}{5}\,\omega^{\frac{5}{4}}$, et $\frac{3}{4}\,\omega^{\frac{4}{3}}$ la Proportion est comme 1 à $\frac{15}{16}\,\omega^{\frac{1}{12}}$; c'est à dire que la Disproportion en est immense. Donc on a determiné e. c. ce qui etoit proposé.

Que si autour du Point C, comme d'un Centre ou d'un Axe, on imagine que la Ligne infinie ou le Plan infini CX se meuve uniformt en rond, et que par son Mouvemt le Point X fuie à l'Infini, sur la Ligne AX; on voit que pendant ce Mouvemt tous les solides que nous venons d'Imaginer, grossissent chacun jusques à devenir Immenses; et que la Disproportion, qu'ils ont les uns avec les autres, devient toujours plus grande, jusques à étre Immense, quand CX se rend parallel à AB.

On peut de même prouver aisemt par le seul secours des Caracteres Algebriques, qu'entre deux Immenses, dont l'un soit infinimt plus grand que l'autre, il y a un Nombre inexprimable d'Immenses, dont chacune est au infinimt plus grand ou infinimt plus petit, que tel que l'on voudra des autres.

PROBLEME IV.

Une Matiere, rare, également agitée en tous sens, etant suposée repandue uniformemt, dans tout l'univers, on demande les Regles, par les quelles on pourra comparer la Resistence, que ressent un globe donné C à son Mouvement, quand cette Matiere est plus ou moins agitée et quand les Parties de cette Matiere sont en Repos.

Fig. VI Premier cas. Si la Vitesse du Globe C est moindre que celle des Parties de la Matiere agitée. Pendant un Tems donné T, le Globe donné C décrit dans nôtre Matiere égalemt agitée en tous Sens, l'Espace donné à Volonté $CA = b$; et les Parties de la Matiere agitée dérivent en même Tems, une longueur à Volonté AB ou $GA = a$. Du Centre A et de AB pour Raion, soit décrite la Sphere $BDEFGB$; et aiant divisé le Diametre BE en un Nombre immense donné n des Parties égales, concevez que les Points des Divisions, comme B, $\mathcal{H}$, H e. c., il passe des Plans ppendiculaires sur $B\,E$, lesquels diviseront la surface spherique, en un pareil Nombre n, de Ceintures, ou de Zones égales.

Soit l'Abscisse $C\,H$ prise du Côté de $A = x$, et partant l'Abscisse $C\,O$, prise en allant de C à l'opposite de $A = - x$.

Soit l'Ordonné $H\,G$ ou $O\,F = z$. Et regardons le Corps Spherique C comme reduit au Repos; c'est à dire, concevons que la Particule G de notre Matiere, qui auroit décrit la Ligne $G\,A$, pendant le Tems T, dérive la Ligne $G\,C$; et ainsi des autres.

Soit la densité de notre Matiere $= \delta$; la quelle est donné à Volonté. Ainsi $\frac{\delta}{n}$ sera la Densité des Courans, qui suivent, à la ronde, des chemins autant inclinez sur $B\,C$, que le sont, par exemple, toutes les Lignes, tirées de tous les Points, d'une Ceinture donnée $\mathcal{G}\,G$, au Point C.

Dans ces supositions $x\,x - 2\,b\,x + b\,b + z\,z = a\,a$ donne le Liu au Cercle $E\,F\,G\,B$. Et partant $G\,C$ (et de meme $C\,F$) $= \sqrt{aa - bb + 2\,bx}$. $G\,C$ est à x comme $\frac{\delta}{n} \times G\,C^{2}q$. est à $\frac{\delta}{n} \times x \times G\,C$; qui est l'Impression, selon la Direction de $A\,E$, des courans qui se resulte de la Position d'une Zone $\mathcal{G}\,G$, et qui sont par exemple inclinez, comme quelque Ligne, depuis $\mathcal{G}\,C$ à $G\,C$. Ainsi donc cette Impression est $\frac{\delta}{n} \times x \times \sqrt{aa - bb + 2\,bx}$. Representons la par $\frac{\delta}{n} \times x \times H\,L = y$ et soit faite $H\,L = y$, et perpendiculaire sur $E\,B$. On aura donc $aa - bb + 2\,bx = yy$. Et faisant $aa = bm$, on aura $bm - bb + 2bx = yy$. Soit $m - b + 2x = 2u$. Et on aura enfin $2\,bu = yy$ qui est un Lieu à une Parabole $V\,N\,D\,M$ dont le Parametre est égale à $2\,b$. Cette Parabole se determine par la Construction suivante. Elevez $C\,D$ perpendiculaire sur $A\,C$, et qui rencontre le cercle $B\,D\,E$ en D. Menez au point D la Tangente du Cercle $D\,I$, qui rencontre le Diametre prolongé $B\,I$ en I. Et soit V le milieu entre les Points C et I. V sera le sommet de la Parabole $V\,N\,D\,M$. $V\,B$ son Axe, $2\,A\,C$ son Parametre. La Ligne $A\,I$ sera égale à m. Enfin le milieu de $A\,I$ sera le Foier de la Parabole $V\,N\,D\,M$.

Nous avons pour l'Impression causée, selon la Direction de $A\,E$ par des Courans comme $G\,C$, $G\,C$ la Quantité $\frac{\delta}{n} \times x \times H\,L$. Sur les Ordonnées $B\,M$, $\mathcal{H}\,\mathcal{L}$, $H\,L$ e. c. concevez des Rectangles, perpendiculaires au Plan de la Figur, des quels la Hauteur soit x. Et par consequent ces Rectangles x termineront tous les uns dessus, et les autres dessous le Plan de la Figure, à un Plan qui passera, par la Ligne $C\,D\,R$, et qui fera avec le Plan de la Figure même un Angle de 45 Degrez.

La Quantité $\frac{\delta}{n}$ est donnée à Volonté; et il est bon de la prendre trez petite, et meme infiniment plus petite qu'une des Parties $H\,\mathscr{H}$ de la Ligne $B\,E$; afin d'aider l'Imagination à concevoir sans Confusion les Rectangles $B\,M$, $\mathscr{H}\mathscr{L}$, $H\,L$ e. c. t. comme des petis solides, d'une Epaisseur donnée $\frac{\delta}{n}$.

L'Impression totale sur le Corps C, suivant la Ligne $A\,E$, sera donc par tout ce qui precéde, égale à tous les Rectangles ou solides $B\,M$, $\mathscr{H}\,\mathscr{L}$, $H\,L$ e. c., les quels sont formez sur l'Aire $B\,M\,D\,C$, moins les Rectangles ou solides semblables, qui se trouvent formez sur l'Air $D\,N\,E\,C$, car pour ces derniers solides x devient negatif.

Or la somme de ces solides $B\,M$, $\mathscr{H}\,L$, $H\,L$ e. c. se trouvera jusques au dernier solide negatif $E\,N$, si l'on éléve tous ces solides, d'un seul côté du plan de la Figure, à la Hauteur de $\frac{\frac{8}{3}\,aab + \frac{8}{15}\,b^3}{2\,aa + \frac{2}{3}\,bb}$ que j'ai trouvé, pour la Distance du centre de Pesanteur de l'Espace $B\,M\,N\,E$ à la Ligne $C\,R$. Mais l'Espace $B\,M\,N\,E = 2\,aa + \frac{2}{3}\,bb$. Donc le solide, qui a pour Base $B\,M\,N\,E$ et pour hauteur la Quantité ci-dessus, sera $\frac{8}{3}\,aab + \frac{8}{15}\,b^3$. Maintenant comme $\frac{2\,a}{n}$ ou $H\,\mathscr{H}$ est à $\frac{\delta}{n}$ ou à l'Epaisseur des solides $H\,L$, $\mathscr{H}\mathscr{L}$ e. c. c'est à dire comme $2\,a$ à δ; ainsi le solide, qui a pour Base $B\,M\,N\,E$, est à $\frac{4}{3}\,ab\,\delta + \frac{4\,b^3}{15\,a}\,\delta$ ou à $\frac{20\,aab\,\delta + 4\,b^3\delta}{15\,a} = R$. — Et cette Quantité R exprimera, pour tous les cas, suivant que l'on variera les grandeurs a, b et δ la Proportion des Resistences, que le Globe C sentira dans son Mouvement.

Si b est fort petite en Comparaison de a, et que δ demeure la même, la Resistence sera $\frac{4}{3}\,ab\delta + \frac{4b^3\delta}{15\,a}$, c'est à dire qu'elle sera comme $\frac{4}{3}\,ab$. Et partant si, dans ce cas b demeure invariable, c'est à dire si la Vitesse du Globe C demeure et que a vienne à changer, la Resistence sera comme la Vitesse des Particules de la Matiere agitée.

Mais si, dans ce meme cas, a demeure constante, et que b augmente ou diminue, la Resistence sera comme b, c'est à dire comme la Vitesse du Corps C.

Enfin, dans ce meme cas, la Resistence sera à la Resistence, si les Parties de nôtre Matiere n'etoient point agitées, comme $\frac{4}{3}\,ab\delta$ à $bb\delta$; c'est à dire comme $\frac{4}{3}\,a$ à b: ce qui peut faire une disproportion immense. Mais cette Quantité $\frac{4}{3}\,ab\delta$, à mesure que b devient plus considerable, il s'ajoute la Quantité $\frac{4\,b^3\delta}{15\,a}$.

Si b est egale à a, la Resistence au Globe C, qui dans une Matiere en Repos seroit égale à $bb\delta$, se trouve étre precisemt $\frac{8}{9}\, bb\delta$; ce qui se verifie encore dans le Calcul pour le second cas, et que je démontrerai d'ailleurs par un calcul particulier, accommodé à cette suposition. Ainsi il n'y a pas à douter que mes recherches n'aient été bien faites.

Et en generale, si la Proportion des Vitesses a et b est donné en Nombres, on aura aussi en nombres, la Proportion des Resistences, quand la Matiere est en repos, et quand ses Parties sont agitées avec la Vitesse a.

Second Cas. Si la Vitesse du Globe C est plus grande que celles de la Matiere agitée.

Pendant un Tems donné T (Fig. VII) le Globe donné C dérit dans notre Matiere égalemt agitée en tous sens, l'Espace donné à Volonté $CA = b$: et les Parties de la Matiere agitée décrivent en même Tems une Longeur aussi donné à Volonté AB ou $GA = a$. Du Centre A et de AB pour Raion, soit decrite la Sphere $BDEFGB$; et aiant divisé le Diametre BE, en un Nombre immense donné n de Particules égales, concevez par les Points des Divisions, comme B, $\mathcal{H}$, H e. c., il passe des Plans perpendiculaires sur BE, les quels diviseront la surface spherique, en un pareil Nombre n des Ceintures ou de Zones égales.

Soit l'Abscisse CH ou $CO = x$. Soit l'Ordonnée HG ou $OF = z$ et regardons le Corps spherique C comme reduit au Repos c'est à dire concevons que la Particule G de notre Matiere, qui auroit dérit la Ligne GA pendant le Tems T, decrive la Ligne GC, et ainsi des autres.

Soit la densité de notre Matiere $= \delta$; la quelle est donné à Volonté. Ainsi $\frac{\delta}{n}$ sera la Densité des Courans, qui suivent, à la ronde, des chemins autant incilinez sur BC, que le sont, par exemple, toutes les Lignes, tirées de tous les Points, d'une Ceinture donnée $\mathcal{G}G$, au Point C.

Dans ces supositions $xx - 2bx + bb + zz = aa$ donne le Liu au Cercle $EFGB$. Et partant GC (et de meme CF) $= \sqrt{aa - bb + 2bx}$. GC est à x comme $\frac{\delta}{n} \times GCq$. est à $\frac{\delta}{n} \times x \times GC$; qui est l'Impression, selon la Direction de AE, des courans qui se resulte de la Position d'une Zone $\mathcal{G}G$, et qui sont par exemple inclinez, comme quelque Ligne, depuis $\mathcal{G}C$ à GC. Ainsi donc cette Impression est $\frac{\delta}{n} \times x \times \sqrt{aa - bb + 2bx}$. Representons la par $\frac{\delta}{n} \times x \times HL = y$ et soit faite $HL = y$, et perpendiculaire sur EB. On aura donc $aa - bb + 2bx = yy$. Et faisant $aa = bm$, on aura $bm - bb + 2bx = yy$. Soit $m - b + 2x = 2u$. Et on aura enfin $2bu = yy$ qui est un Lieu à une Parabol VNM dont le Parametre est égale à $2b$. Cette Parabole se determine par la Construction suivante. Tirez $C\,D$ Tangente du Cercle $B\,D\,E$ en D et soit menée $D\,I$ perpendiculaire sur $A\,B$. Soit V le milieu entre les Points C et I. V sera le sommet de la Parabole $V\,N\,M$. $V\,B$ son Axe, $2\,A\,C$ son Parametre. La Ligne $A\,I$ sera égale à m. Enfin le milieu de $A\,I$ sera le Foier de là Parabole $V\,N\,M$.

Nous avons pour l'Impression causée, selon la Direction de $A\,E$ par des Courans comme $G\,C$, $G\,C$ la Quantité $\frac{\delta}{n} \times x \times H\,L$. Sur les Ordonnées $B\,M$, $\mathcal{H}\,\mathcal{L}$, $H\,L$ e. c. concevez des Rectangles, perpendiculaires au Plan de la Figur, des quels la Hauteur soit x. Et par consequent ces Rectangles x termineront tous au dessus, le Plan de la Figure, à un Plan qui passera, par la Ligne $C\,R$, et qui fera avec le Plan de la Figure même un Angle de 45 Degrez.

La Quantité $\frac{\delta}{n}$ est donnée à Volonté; et il est bon de la prendre trez petite, et meme infiniment plus petite qu'une des Parties H, $\mathcal{H}$ de la Ligne $B\,E$; afin d'aider l'Imagination à concevoir sans Confusion les Rectangles $B\,M$, $\mathcal{H}\,\mathcal{L}$, $H\,L$ e. c. t. comme des petis solides, d'une Epaisseur donnée $\frac{\delta}{n}$.

L'Impression totale sur le Corps C, suivant la Ligne $A\,E$, sera donc par tout ce qui precéde, égale à tous les Rectangles ou solides $B\,M$, $\mathcal{H}\,\mathcal{L}$, $H\,L$ e. c., les quels sont formez sur l'Aire $B\,M\,N\,E$.

Or la Somme de ces solides $B\,M$, $\mathcal{H}\,\mathcal{L}$, $H\,L$ e. c. se trouvera, si l'on éleve tous ces solides à la Hauteur de $\dfrac{\frac{4}{3}a^3 + 2\,abb - \frac{2\,a^5}{15\,bb}}{\frac{2\,a^3}{3\,b} + 2ab}$, que j'ai trouvé, pour la Distance du Centre de Pesanteur de l'Espace $B\,M\,N\,E$ à la Ligne $C\,R$.

Mais l'Espace $B\,M\,N\,E = \frac{2\,a^3}{3\,b} + 2\,ab$. Donc le solide, qui a pour Base $B\,M\,N\,E$, et pour hauteur la Quantité ci dessus, sera: $\frac{4}{3}\,a^3 + 2\,abb - \frac{2\,a^5}{15bb}$. Maitenant comme $\frac{2\,a}{n}$ ou $H\,\mathcal{H}$ est à $\frac{\delta}{n}$ ou à l'Epaisseur des solides $\mathcal{H}\,\mathcal{L}$, $H\,L$ e. c., c'est à dire comme $2\,a$ est à δ; ainsi le solide qui a pour Base $B\,M\,N\,E$ est à $\frac{2}{3}\,aa\delta + bb\delta - \frac{a^4\delta}{15bb} = R$. Et cette Quantite R exprimera pour tous les Cas, suivant que l'on variera les Grandeurs a, b, δ, la Proportion des Resistences, que le Globe C sentira, dans son Mouvemt.

Les Lieux qui resultent de l'Equation ci dessus, en suposant a variable, ou en suposant b variable, sont trez faciles à décrire, et leur Consideration auroit son Usage; mais il n'est pas necessaire de s'arrêter à un detail, qui ne renferme plus de Difficultez.

La Resistence au Corps C dans une Matiere non agitée, seroit comme $bb\delta$.

La Resistence dans nôtre Matiere agitée, sera par ce qui precede, comme la Quantité de la Matiere, le Reste demeurant égale. Elle sera comme les Quarrez des Vitesses, si la Vitesse du Globe C a une Proportion donnée, avec la Vitesse des Parties de notre Matiere suposant sa Densité invariable.

Enfin l'Effort de la Resistence sera comme l'Expression generale ci dessus, multipliée par le Quarrée du Diametre du Globe C, en Cas qu'on vint à le changer: suposant toujours que la Densité et la Contexture du Globe demeurent les mêmes.

Et par consequent le Mouvement que cette Resistence produira, en un Tems donné, infinimt petit, sera comme l'Expression generale ci-dessus, multiplié par le Quarré du Diametre du Globe C, et divisé par le Cube de ce même Diametre: c'est à dire comme la sousdite Expression directemt, et le Diametre du Globe reciproquemt.

Si a est fort petite en Comparaison de b, et que δ demeure, la Resistence sera comme $bb\delta$, c'est à dire comme le Quarré de la Vitesse. Et si dans ce Cas b demeure invariable, c'est à dire si la Vitesse du Corps C demeure, et que a vienne à changer, la Resistence $bb\delta$ sera augmentée de la Resistence $\frac{2}{3}aa\delta$, et par consequent augmentera, en augmentant cette Vitesse des Particules de la Matiere.

Mais si dans ce même Cas, a demeure constante, l'Expression ci dessus fait voir que la Resistence se trouvera en ajoutant, à la Quantité donnée $\frac{2}{3}aa\delta$, la Quantité $bb\delta$, qui est comme le Quarré de la Vitesse du Globe C, et en retranchant la petite Quantité $\frac{a^4\delta}{15bb}$, qui est reciproquemt comme le Quarré de la Vitesse du Globe C.

Si $b = a$, la Resistence au Globe C, qui dans une Matiere en Repos, sera égale à $bb\delta$, se trouve étre precisemt $\frac{8}{5}bb\delta$ comme dans le Calcul pour le premier Cas.

Et en generale, si la Proportion des Vitesses a et b est donnée en Nombres, on aura aussi en Nombres la Proportion des Resistences, quand la Matiere est en Repos, et quand ces Parties sont agitées avec la Vitesse a.

Ceux qui auront pu suivre nos Demonstrations n'ont pas besoin, que je leur fasse remarquer l'Usage de ce Theoreme dans la Physique; et avec quelles Limitations la Resistence des Fluides est proportionelle, dans la Nature, au Quarré de la Vitesse. Mais on voit comment les Mouvemens, entremêlez d'un Fluide, dont les Particules sont agitées indifferemmt en tous sens, augmentent la Resistence au Mouvemt jusques à la rendre immense: et que la même chose arrive aussi en augmentant la Densité.

Je ne considere ici aucune Epaisseur, dans la surface spherique $B\,D\,E\,F\,G$;

parce qu'elle ne me sert uniquemt que pour trouver les Lignes inclinées $\mathcal{G}\,C$, $G\,C$, dont l'Obliquité, sur $B\,C$, donne les Limites de l'Obliquité des Courans d'une Portion donnée $\frac{\delta}{\mathrm{n}}$ de toute la Matiere agitée; et dont la Longueur $\mathcal{G}\,C$, $G\,C$ donne de plus la Vitesse de ces Courans. Il ne faut donc point se faire de Scrupules inutiles, ni augmenter la Difficulté de nôtre Demonstration, en Imaginant de Nouvelles surfaces spheriques, qui ne feroient que de l'embarras, sans étre d'aucune Usage.

Calcul particulier pour le Cas où $a = b$, c'est à dire, où la Vitesse du Globe C est égale a celle des Parties de Notre Matiere agitée.

Fig. VIII. Soit $C\,H = x$, $H\,L = y$, et le Diametre $B\,C = 2\,b$. $C\,B$ $(2\,b)$ est à $C\,G$ $(\sqrt{2\,bx})$ comme $C\,G\,q$ $(2\,bx)$ est à $\frac{\overline{2\,bx}|^{\frac{3}{2}}}{2\,b} = y \times 2\,b$.

Representons par cette Quantité multipliée par la Fluxion $\dot{x}$, qui est une Portion infiniment petite du Diametre $C\,B$, la Force correspondente qui chasse à l'Opposite de B.

$\overline{2\,b}|^{\frac{1}{2}}\, x^{\frac{3}{2}}\dot{x} = \dot{x}y \times 2\,b$ sera la Fluxion du solide, qui represente par ses differentes sections ou trenches, la Force qui chasse à l'Opposite de B.

$\frac{2}{5} \times \overline{2\,b}|^{\frac{1}{2}}\,\mathrm{x}^{\frac{5}{2}}$ sera donc la Partie de ce solide representé par $C\,H\,L\,C$.

Et faisant $x = 2\,b$ on aura $\frac{2}{5} \times 8\,b^3$ pour le solide entier $C\,B\,M\,C$ qui represente la Resistence entiere qui chasse à l'Opposite de B. Remarquez que quand $x = 2\,b$, on a aussi $y = 2\,b$. La Resistence dans le Repos des Parties de notre Matiere, sera pareillemt et analogiquemt composée des Quantitez $\frac{1}{2}\,b \times 2\,b \times 2\,b$ qui font $2\,b^3$. Or $\frac{2}{5} \times 8\,b^3$, c'est à dire $\frac{16}{5}\,b^3$ est à $2\,b^3$, comme 8 est à 5. Et par consequent on aura $5 : 8$ comme $bb\delta$, qui est la Veritable Resistence, quand les Parties de Notre Matiere sont en Repos, est à $\frac{8}{5}\,bb\delta$, qui est la Resistence veritable au Globe C, quand sa Vitesse est égale à celle des Parties de la Matiere agitée. Et cette Resistence est la même, qui a déja été trouvée par les Calculs precedens.

Le Probleme dont on vient de donner la Solution, en suposant quelques Proprietez connues de la Parabole, se peut resoudre independemmt de ces connoissances, de la Maniere suivante en se servant des

Figures VI, VII, X et XI.

Premier cas; Si la Vitesse du Globe C, est moindre que celle des Parties de la Matiere agitée. Reprenons la Demonstration ci dessus, jusques au Paragrafe, qui commence, comme la suite de Demonstration, qu'on va voir ici:

Ainsi donc cette Impression est $\frac{\delta}{\mathrm{n}} \times x \times \sqrt{aa - bb + 2\,bx}$. Representons le Produit $x \sqrt{aa - bb + 2\,bx}$ par $H\,L$ et soit faite $\sqrt{aa - bb + 2\,bx} = y$. Les Lignes $H\,L$ perpendiculaires sur $E\,B$, formeront la Courbe $M\,L\,C\,N$. Et la Fluxion de l'Espace $H\,L\,C$ sera $\dot{x}\ x \sqrt{aa - bb + 2\,bx}$ de la quelle Fluxion il faut trouver l'Integrale, pour avoir l'Espace $H\,L\,C$, e. c.; ou plutot pour avoir l'Espace $B\,M\,C$ moins l'Espace $E\,N\,C$. De l'équation $aa - bb + 2\,bx$ $= yy$, on tire les Equations $\dot{x} = \frac{y\dot{y}}{b}$ et $x = \frac{yy}{2b} + \frac{1}{2}\,\mathrm{b} - \frac{aa}{2\,b}$. Et partant $=$ $\dot{x}x\sqrt{aa - bb + 2\,bx} = \overline{\frac{yy}{2b} + \frac{1}{2}b - \frac{aa}{2\,b}} \times \frac{y^2 \times \dot{y}}{b}$, dont l'Integrale est $\frac{y^5}{10bb}$ $+ \frac{y^3}{6} - \frac{aay^3}{6\,bb} - q = o$. Suposons que le Point N parte de N pour couler sur la Ligne $N\,C\,M$, jusques en M, et qu'en même Tems l'Ordonnée $E\,N$, perpendiculaire sur $E\,B$, coule uniformemt le long de la Ligne $E\,B$, pour venir se reposer en $B\,M$. Et on a par ce qui precede, la Fluxion de l'Aire $E\,N\,C\,L\,H$, ou $E\,N\,C\,M\,B$ dont la Partie $E\,N\,C$ est negative. Dans le cas ou x est encore $=$ $-\,C\,E$ l'Integrale cherchée n'est rien. Or en ce cas x ou $-\,C\,E = b - a =$ $\frac{yy}{2b} + \frac{1}{2}b - \frac{aa}{2b}$, d'où il suit que $y = a - b$. Et substituant dans l'Integrale trouvée, les valeurs de y^5 et y^3 on aura $\frac{1}{10bb} \times \left[- \frac{2\,a^5}{3} + \frac{20\,a^3bb}{3} - \frac{40\,aab^3}{3}\right.$ $\left.+ 10\,ab^4 - \frac{8\,b^5}{3}\right] = q$. Maintenant q étant determinée, si on fait $x = C\,B =$ $b + a = \frac{yy}{2b} + \frac{1}{2}b - \frac{aa}{2\,b}$, on aura $\frac{8\,aab}{3} + \frac{8\,b^3}{15}$ pour toute l'Aire $B\,M\,C$, moins l'Aire $E\,N\,C$. Enfin si chaque $x \sqrt{aa - bb + 2\,bx}$, c'est à dire chaque Ordonnée y, est multipliée par la petite épaisseur $\frac{\delta}{n}$, on aura $\frac{2\,a}{n}$ ou $H\,K$, est à $\frac{\delta}{n}$, c'est à dire $2\,a$ est à δ comme toute l'Aire $B\,M\,C$ moins l'Aire $E\,N\,C$, ou $\frac{8\,aab}{3} + \frac{8\,b^3}{15}$, est à la Partie de cette Aire, qui represente la Resistence cherchée $\frac{4\,ab\delta}{3} +$ $\frac{4\,b^3\delta}{15a}$; precisemt comme par le Premier Calcul.

Second cas. Si la Vitesse du Globe C Fig. VIII et XI est plus grande, que celle des Parties de notre Matiere agitée.

Reprenons pareillemt la Demonstration ci-dessus, jusques au Paragraphe, qui commence, comme la suite de Demonstration, qu'on va voir ici.

Ainsi donc cette Impression (vid. Fig. XI) est $\frac{\delta}{n} \times x \times \sqrt{aa - bb + 2\,bx}$. Representons le Produit $x \sqrt{aa - bb + 2\,bx}$ par $H\,L$, et soit faite $\sqrt{aa - bb + 2\,bx} = y$. Les Lignes $H\,L$, Perpendiculaires, sur $E\,B$, formeront la courbe $M\,L\,N$, et la Fluxion de l'Espace $H\,L\,N\,E$ sera $\dot{x} \times x \times \sqrt{aa - bb + 2\,bx}$: de la quelle Fluxion il faut trouver l'Integrale, pour avoir l'Espace $H\,L\,N\,E$

ou plutôt l'Espace $B\,M\,N\,E$. De l'Equation $aa - bb + 2\,bx = yy$ on tire les Equations $\dot{x} = \frac{y\dot{y}}{b}$ et $x = \frac{yy}{2b} + \frac{1}{2}b - \frac{aa}{2b}$. Et partant $\dot{x}\;x\sqrt{aa - bb + 2\,bx}$ $= \overline{\frac{yy}{2b} + \frac{1}{2}b - \frac{aa}{2b}} \times y \times \frac{\dot{y}y}{2\,b}$; dont l'Integrale est $\frac{y^5}{10bb} + \frac{y^3}{6} - \frac{aay^3}{6\,bb} - q = o$. Suposons que le Point N parte de N pour couler sur la Ligne $N\,L\,M$, jusques en M, et qu'en même Tems l'Ordonnée $E\,N$, perpendiculaire sur $E\,B$, coule Uniformemt le Long de la Ligne $E\,B$. Pour venir se reposer en $B\,M$. Et on a par ce qui precede, la Fluxion de l'Aire $E\,N\,L\,H$ ou $E\,N\,M\,B$. Dans le cas où x est encore $= C\,E = b - a$, l'Integrale cherchée n'est rien. Or en ce cas $b - a = \frac{yy}{2b} + \frac{1}{2}b - \frac{aa}{2b}$, d'ou il suit que $y = -a + b$. Et en substituant dans l'Integrale trouvée, les Valeurs de y^5 et de y^3 on aura $\frac{1}{10\,bb} \times \left[\frac{2\,a^5}{3} - \frac{20\,a^3bb}{3} + \frac{40\,aab^3}{3} - 10\,ab^4 + \frac{8}{3}b^5\right] = q$. Maintenant q etant determinée si l'on fait $x = C\,B = b + a = \frac{yy}{2b} + \frac{1}{2}b - \frac{aa}{2b}$, on aura $\frac{4\,a^3}{3} + 2\,abb - \frac{2\,a^5}{15\,bb}$ pour toute l'Aire $B\,M\,N\,E$.

Enfin si chaque $x\sqrt{aa - bb + 2\,bx}$, c'est à dire que chaque Ordonnée y est multipliée par la petite Epaisseur $\frac{\delta}{n}$, on aura $\frac{2\,a}{n}$ ou $H\mathcal{H}$ est à $\frac{\delta}{n}$, c'est à dire $2\,a$ est à δ, comme toute l'Aire $B\,M\,N\,E$ ou $\frac{4\,a^3}{3} + 2\,abb - \frac{2a^5}{15bb}$ est à la Partie de cette Aire, qui represente la Resistence cherchée $\frac{2\,aa\delta}{3} + bb\delta - \frac{a^4\delta}{15bb}$; comme par le premier Calcul.

Avant que finir il est bon de dire quelque chose de ces Vitesses, que je supose étre immenses; et de la Rareté presque inexprimable, que je reconnois dans les Corps terrestres.

Pour ce qui est des Vitesses, concevez une Infinité de Paraboles, de tous genres, décrite depuis un même Sommet, sur un même Axe. Et imaginez la Tangente commune de toutes ces Paraboles à leur sommet.

Soit leur Equation $x = y^{1+n}$ suposant n un Nombre Positif, Faites aprocher à la fois toutes ces Paraboles uniformemt d'une Ligne infini, immobile parallele à l'Axe jusques à ce qu'elle se confond avec l'Axe même. Les Points d'Intersectiones de cette Ligne, avec toutes ces Paraboles, s'aprocheront à la fin, de la Tangente au sommet, avec des Vitesses infinimt petites, et toutes infinimt moindres les unes que les autres.

Du parfait Repos, et des plus petit de ces Vitesses, la Nature va par une Infinité de Degrez, à celles qui sont infinimt plus grandes, puis à d'autres encore infinimt plus grandes e. c. jusques à venir enfin à des Vitesses finies. Mais dans un Champ si vaste, dirons nous que c'est là que se termine le pouvoir de la Nature et ne conclurons nous pas, au contraire, qu'elle peut de même passer à des Vitesses infinies, infinimt plus grandes les unes que les autres.

Les supositions precedentes n'ont qu'à étre un peu changées, de maniere que l'on conçoive à travers de ces Paraboles une Ligne infinie, immobile parallele à la Tangente aux Sommets, et que toutes les Paraboles se meuvent uniformemt vers cette Ligne jusques à ce quelle se confonde avec la Tangente. Et les Vitesses des Intersections de cette Ligne, avec les Paraboles, seront au dernier moment, infinies, et infinimt plus grandes les unes que les autres.

En faisant un Calcul de la Vitesse qu'une Matiere imperceptible donne à la Poudre et à un Boulet de Canon, je trouve, que son Action peut aisemt étre 1600 fois plus forte, que celle de la Pesanteur; quoique cette derniere vienne vraisemblablemt d'un Mouvement trez rapide. La Vitesse de la Lumiere, quelque prodigieuse quelle soit n'est pas assez grande pour y faire ici beaucoup d'Attention.

Si l'Auteur de la Nature diminuoit tous les Corps, de Nôtre Monde visible, en conservant toutes les Proportions de leurs Figures, de leurs situations et de leurs Mouvemens, il ne nous seroit pas possible de nous apercevoir par aucun Artifice de cette Diminuation. Il en est de même s'il augmentoit, suivant la même Idée, tous ces corps. Et ces Diminutions ou Augmentations peuvent aller jusques à l'Immense, sans que néanmoins nous nous en apercevions encore en aucune maniere.

Ainsi il faut conclurre que les Grandeurs, que nous appellons finies, tiennent beaucoup comme tous les étres réels, de la Nature de l'Infini; et quels marquent seulemt le Genre de Grandeurs, aux quelles nous pouvons comparer es Corps et les Vitesses, qui nous sont sensibles; et le Rang dans le quel l'Auteur de la Nature nous a placéz.

Que si l'Unique secret pour faire disparoitre la Resistence au Mouvemt, se trouve de soi même dans la suposition que l'Univers soit presque vuide de Matiere; que peut il rester, qui nous retarde encore, et qui nous empeche de concevoir, dans un Espace si libre, des Mouvemens proportionez à la Puissance de l'Auteur de l'Univers. Enfin les Phenomenes de la Pesanteur ne peuvent étre expliquez mechaniquemt, que par des Vitesses qui soient infinimt plus grandes que les Vitesses qui nous sont ordinairemt connues. Et autant qu'il est probable qu'il y a une Cause mechanique de la Pesanteur, dans le même Degré il devient vraisemblable qu'il y ait des Vitesses immenses.

La Rareté des corps terrestres tombe sous le même genre que les grandeurs et les Vitesses; et rien n'empeche qu'elle ne puisse étre immense. l'Or le plus dense de tous les Corps, qui sont ordinairemt connus, se laisse penetrer de touts Parts, comme en un Moment par le Mercure, qui est aussi le plus dense de tous les Corps aprez l'Or. Il se laisse penetrer par les Eeaux regales. Il se fond au feu par les Miroirs ardens. Et comment ce la se peut-il concvoir, à moins que l'Or n'ait des Pores trez ouverts? il se laisse traverser avec une entiere facilité, par les Matieres, qui causent la Pesanteur, et les Phenomenes de l'Aiman. La chaleur du Feu donne, aux Masses des Metaux les plus grosses, des Mouvemens entremêlez jusques au Centre des Masses meme. J'entens de ces Mouvemens, dans les quels consiste la Chaleur et la Fluidité. Tout cela sans Dificulté supose une Rareté fort grande.

Mais quand l'Or n'auroit aucunes Pores, les Bois, qui n'ont que la vintieme Partie de sa Pesanteur specifique auroient nécessairemt dix fois plus de vuide que de Plein.

Qu'on les fasse examiner au premier passant, pour savoir de liu, combien ces Bois ont moins de plein que de Vuide, et on reconnoitra si nos sens sont des Juges, qu'il faille ecouter dans cette Recherche. Et si nos sens nous trompent si grossieremt ne peuvent ils pas encore nous tromper, par rapport à l'Or même ?

Les Generations et les Corruptions des Metaux et des Mineraux dans les entrailles de la Terre; et ce Passage continuel, à travers toute sa Masse, d'un Esprit qui donne la Naissance ou la Vie à tous les Etres et qui les amene à la Putrefaction, ne demandent-ils pas une terre trez poreuse et trez ouverte ? Et au contraire de quel Usage pourroit-il étre qu'elle fut presque solide ?

La fluidité des Liqueurs, comme le Mercure, l'Eau e. c. qui prennent d'elles-memes une surface si exactemt polie, semble non seulemt prouver la Rareté de ces Liqueurs, qui facilite le Mouvemt de leurs Parties: mais donne même un soupson que leurs Parties les plus petites ne s'entretouchent peut étre pas. Et ce soupçon se trouve en quelque sorte confirmé par les Experiences, qui ont fait connoitre qu'en pressant deux Verres Objectifs convexes l'un contre l'autre, leurs surfaces ne se touchent pourtant pas, mais s'aprochent seulemt plus ou moins, selon qu'on presse ces Verres avec plus ou moins de Force.

La Cause de la Pesanteur n'agit elle pas, sur les Masses des Planetes entieres, jusques à leur Centre, sans le moindre obstacle sensible ? Avec de l'eau ou il y ait du savon dessous, on peut faire des Bouteilles ou Bulles beaucoup plus deliées que la $\frac{1}{500000}$ partie d'un Pouce. Combien ne faut il pas de Couches de particules d'eau pour former ces Bouteilles en voutes ? Je dis la méme chose du Crystal, et des autres Corps transparens; car le Crystal est formé de l'Eeau.

Cependant la lumiere traverse en Lignes droites un nombre trez grand de ces Couches jusques à plusieurs pieds de profondeur. Et comme les Experiences de Mr. Newton m'ont convaincu, que la lumiere consistoit en des corpuscules, qui se detâchent des Corps lumineuses, pour venir jusques à Nous; et non pas dans une Ondulation de l'Air celeste; quelle prodigieuse Rareté ne faudroit-il pas concevoir dans le Crystal et dans l'Eau, pour faire que, non obstant un Nombre des Couches, qui est presque immense, il reste encore des chemins ouverts, en Lignes droites pour tant de Raions de Lumiere, qui peuvent traverser de toutes Parts, ces Corps. Dira-t-on que leurs Mouvemens entremêlez facilitent le Passage de la Lumiere, sans craindre de voir en meme tems eclore la Demonstration du contraire ? Je dirai en passant, qu'un moien de composer des Corps, sans que leurs petites particules se touchent, seroit de faire par exemple, qu'elles s'attirent mutuellemt dans une proportion, qui soit reciproque au Cube, ou au Quarré — quarré ou plutôt à quelque puissance fort elevée, comme la 1000e Puissance de la Distance. Et de placer le Point, où ces Forces sont égales autour d'une même Particule, à une Distance convenable, et extrement petite. Dans cette supposition les Particules formeroient encore des amas entre elles, mais ordinairemt sans se toucher les unes les autres. Cependant jusques à ce qu'on trouve une Cause Mechanique, qui puisse produire un tel Effet, une supposition de cette Nature regarde principalement la Metaphysique. Un composé tel que je viens de décrire pourroit s'écarter pour ouvrir incessament le Passage aux Raions de la Lumiere.

La Division que l'on peut faire de l'Or, s'étend presque au de la de l'imagination. Et la delicatesse des animaux, qui echapent à nos yeux demande une matiere soudivisée, presque à l'Infini, pour pouvoir fournir aux Fonctions de leurs Organes. Enfin les Phenomenes de la Pesanteur ne peuvent étre expliquez Mechaniquement qu'en suposant dans les Corps terrestres une Rareté qui soit infiniment au de la de ce qu'on pense. Que si toute la Nature demande cette Rareté inconcevable n'avoüera-t-on pas qu'il est d'ailleurs de la sagesse de Dieu, de fournir à tous les Phenomenes de l'Univers, avec la plus petite quantité possible de Matiere: ou du moins de ne prodiguer la Matiere inutilement ?

On objectera peut être que, si ma Theorie touchant l'Infini etoit veritable, on pourroit aussi l'appliquer au Tems, et regarder l'espace d'un Jour, ou d'un Moment, comme étant en quelque sorte immense.

A cela je répons que le Tems est veritablement divisible, en une Infinité de Parties distinctes, pendant les quelles un corps se peut trouver successivement, en autant de Lieux differens. Et un Esprit peut avoir des Perceptions et des Idées toutes differentes entre elles. J'ajoute que l'Esprit de l'Homme est capable en ce genre d'un Effort au de la de tout ce que nous pouvons croire. Mais ce qui nous retarde, dans les Operations de nôtre Esprit, c'est qu'elles sont liées, sur tout, pendant que nous veillons, avec les Mouvemens, qui se font dans notre Cerveau; et que ceux ci ne peuvent avoir qu'une rapidité trez limitée: parce que la Substance même de nôtre Cerveaux soufriroit d'un Mouvement trop prompt, et deviendroit incapable de servir aux Fonctions, auxquelles la Nature les destine.

On sçait cependant à combien de choses l'Esprit de l'Homme s'étend tout à la fois et avec quelle Clarté il peut decouvrir tout d'un coup, une demonstration fort composée, et qui ne pourroit s'expliquer, à un Homme, qui en seroit aux Elemens que par des livres entiers. Enfin une demonstration, qui s'étend à plusieurs Infinitez de cas et de véritez differentes.

Nostre Esprit pense à plusieurs choses à la fois. Il veut, il se souvient, il imagine, il est touché de ces propres Passions. En meme Tems il peut étre occupé d'un grand nombre de sensations, qui lui vienent par le Canal de plusieurs Organes. Et voila deja une assez grande Etendue d'Action, que nous ne pouvous pas nous empecher de lui donner. D'autant plus que nostre Imagination peut exciter en nous ces sentimens, et d'autres plus considerables en dormant.

Mais si nous voulons entrevoir de quoi nous sommes capables, considerons que le sens de la Vüe, qui n'excite, dans notre Cerveau, que de Mouvements doux, qui ne le sçauroient blesser, nous decouvre en un Clin d'Oeil, de dessus une Montagne élevée, tout un Païsage tréz diversifié, par un nombre incroiable d'Objets, de Mouvemens, de Figures, de Couleurs, et de degrez de Force et de foiblesse de Lumiere: Laissant en meme Tems à l'Esprit le pouvoir de s'occuper ailleurs et d'ettre touché par tous les autres sens, et par les Mouvemens interieurs de nos corps. Et tout ceci nous arrive même pendant le Sommeil le plus profond.

Ainsi nôtre Esprit, étant un Jour détachés des Lieus, qui l'appesantissent, pourroit bien devoir capable, d'avoir en un Tems fort court toutes les Pensées et toutes les Perceptions, que nous ne pourrions avoir ici, que pendant une suite de plusieurs siecles, des quels il ne nous est pas permis de limiter le nombre.

Apres tout qui connoit l'Etendue de Pensée, que l'Auteur de la Nature peut donner, ou qu'il donne actuellement, à des Esprits? Et qui auseroit en cela limiter le Tout puissant, et lui prescrire les Bornes, au de la des quelles il ne sçauroit s'étendre? Qui cognoit assez la Force immense de l'Imagination, de la Volonté, et de la pleine persuasion? Et avec quelle facilité l'Esprit humain, qui sçait bien se servir du Privilege d'étre fait à l'Image de son Dieu, peut puiser, même tandis que le Corps repose, dans les Sources les plus fecondes et les plus pures des Sciences, des Arts, des Secrets et des Mysteres de la Nature, tant corporelle que spirituelle. Qui connoit ce Privilege d'Operer les Miracles des Saints; de penetrer dans les Profondeurs de Dieu même, et d'ambrasser par ses desirs et par ses conceptions, jusques à l'Infini, et jusque à l'Auteur de toutes choses? Mais les sages n'ont osé parler de ces Merveilles que d'une maniere obscure. Heureux qui peut entendre leurs écrits, et qui dans sa Jeunesse, est échappé de bonne heure au suite funeste d'une Education, qui abaisse l'Homme infiniment au dessous de sa propre Nature, et qui lui ôte même l'Esperance de se jamais relever d'un si grand aneandissement.

Avertissement.

La plûpart des choses contenues dans le discours precedant, auront sans doute perdu l'Agrement de la Nouveauté, à l'Egard de beaucoup de Personnes:

puisque je les ai communiqueés sans façon à ceux que j'ai connu capables de les entendre. Il me suffira si les Graces de la Verité leur demeurent. Avouerais-je que je-ne me serois point porté à rendre presentement cette Theorie publique, si je ne m'etois senti pressé par des provocations, qui devoient me paroitre assez injustes.

On veut me disputer, sans me connoitre, le peu de Pretension, que je pourrois avoir, à étre conté parmi les Geometres, à qui la nouvelle et la belle Geometrie n'est pas entierement inconnue. Et avec une Autorité, à la quelle j'aurois crû me pouvoir soustraire, on me demende des preuves, de nouvelles preuves, qui fassent voir, de quoi je suis capable.

Voici, je ne dirai pas tout ce que je pourrois donner le meilleur, car sans parler de ce qui me reste encore, je reconnois, dans les esprits des Hommes, un Pouvoir, qui n'a point de Bornes, d'aller toujours plus loin, dans la connoissance et dans la recherche de toutes sortes de Veritez. Mais seulement une partie que j'ai actuellement fait irreprochables. Et cependant apres avoir retranché la Theorie de la Pesanteur des autres Fruits de mes Etudes, à peine m'appercois-je qu'il y ait quelque Diminution.

Ce qui me determine à publier plutôt cette Theorie que d'autres Meditations, c'est que la Cause Mechanique de la Pesanteur donne vraisemblement la premiére entrée à la connoissance de la nature, et qu'elle avoit echappé, jusques à nos jours aux Recherches continuelles des Philosophes et des Mathematiciens. Comme jai supprimé cet Ecrit, pendant plusieurs Années, je ne puis m'empecher de dire que je n'ecouterai plus aucune Provocation, que l'on pourroit me faire; ne reconnoissant point d'Autorité entre les Geometres qui puisse asservir un Esprit libre à d'autres Etudes, ou à d'autres occupations qu'à celles, qu'il lui plaira de choisir. Et voiant encore moins en vertu de quoi l'on pretendroit contraindre ceux, qui se sont appliquez à des Meditations utiles, de les publier, sous peine d'étre declarez incapables de les avoir faites. Aprez tout je plains beaucoup les Geometres, qui ne connoissent pas des Etudes infiniment plus excellentes et plus etendues et plus utiles, que celles de Geometrie.

Dans cette même vüe, je ne recevrai pas absolument aucunes objections, que l'on voudroit faire, contre la Theorie precedente. J'estime trop le prix du repos et de la retraite avec la liberté du choix de mes occupations pour m'embarquer à defendre ce que je ne rens public, qu'avec assez de repugnance. Car je sçai bien que les Prejugez de ceux, qui croient connoitre la nature, sans l'avoir assez etudiée, seront generalement contre moi: Si c'est par ces Prejugez que l'on pretendroit me combattre, je me reconnois des à present vaincu.

Je sçai bien combien il y a reussi à l'Illustre Monsieur Newton, d'avoir ecrit son admirable liure, des Principes de la Philosophie, d'une maniere, qui le fait d'abord tomber des Mains de ceux, qui ne sont pas consommez dans l'Etude de la Geometrie et de la Physique. On ne sera pas surpris que refusant aussi de les regarder comme mes juges, je me serve d'un Artifice semblable, pour leur ôter l'Envie de prononcer sur ce qu'ils n'entendroient pas.

C'est donc à dessein que cet Abregé ne s'etend point à un plus long detail; et qu'il me laisse encore tant à dire, et aux Geometres, qui le liront, tant à penser.

Que je serois heureux, si je pouvois n'avoir que des lecteurs tels que feu Mr. Hugens ou que l'Incomparable Mr. Newton. Mais l'Auteur de la Nature ne nous donne que comme des presens inestimables, des Geometres si extraordinaires, et n'associe pas toujours une profonde connoissance de la Geometrie avec des lumieres exactes et pures dans la Physique. Puisque cet Etre Supreme fait paroitre de Tems en Tems aux Hommes, quelques nouveaux Raisons de sa Sagesse infinie et de son pouvoir sans Bornes, peut-on se defendre de se laisser entrainer aux Idées les plus grandes et les plus Magnifiques, où la connoissance d'une partie de ses Ouvrages nous puisse porter. Et par le peu, qui nous en est decouvert, pouvons nous nous empecher de sentir combien de Miracles cachez il doit encore avoir rempli le Ciel, la Terre et les Eeaux? O combien diversifiez et admirables sont les Intelligences, les Natures, les Essences, les Esprits, les Sels, les Semences, les Mixtes et les Corps organisez, que ces Matrices de l'Univers continuent.

Extrait d'une Copie faite par l'Auteur en 8bre 1692 des Corrections et des Additions, que Mr. Newton destinoit alors à son Livre des Principes Mathematiques de la Philosophie Naturelle.

Pag. 402 Hyp. III. Quantitates corporum, qua' intendi et remitti nequeunt, qua' corporibus omnibus competunt, in quibus experimenta instituere licet, sunt qualitates corporum universorum. Idem intelligendum est de qualitatibus Corporum oium eiusdem Generis. Fundamentum esse videtur totius Philosophiae. Neq. enim aliter qualitates Corporum insensibilium à qualitatibus sensibilium derivare licet.

Hyp. IV. Pro novis rerum generibus habenda non sunt qua' cum aliis rerum generibus, quoad omnes suas notas qualitates congruunt.

* * * * *

Pag. 411 I. II Cor. 4. Itaqu. datur Vacuum. Nam * * * minimè descendunt.

Valet haec demonstratio contra eos, qui hypoth. vel 3^{am} vel 4^{m} admittunt. Si quis Hypothesibus hisce repudiatis, ad Hypothesin aliam recurrat, nempe materiam aliquam non gravem dari, per quam gravitas materiae sensibilis explicetur, necesse est ut duo statuat particularium solidarum genera, quae in se mutuo transmutari nequeant. Alterum grassiorum, quae graves sint pro quantitate materiae et ex quibus materia omnis gravis, totusque adeo Mundus sensibilis confletur; et alterum tenuiorum, quae sint causa gravitatis crassiorum. Sed ipsae non sint graves, ne gravitas eorum per 3um genus explicanda sit, et ea hijus per quartum, et sic deinceps in Infinitum. Ha' autem debent esse itenuores, ne per actionem suam crassiores discutiant et ab invicem dissipent: qua ratione corpora omnia ex crassioribus composita, citò dissolverentur. Et cum actio tenuiorum in crassiores proportionalis fuerit crassiorum superficiebus, gravitas autem, ab actione illa oriatur, et proportionalis sit materiae, ex qua crassiores constant; necesse est ut superficies crassiorum proportionalis sit earum contentis solidis, et propterea ut particulae illae omnes sint aequaliter crassae, utque nec frangi possint nec alteri, nec ratione quacunque communi, ne proportio superficierum ad contenta solida, et inde proportio gravitatis ad quantitatem materiae mutetur.

Igitur particulas crassiores in tenuiores mutari non posse, et propterea duo esse particularum genera, qua' in se mutuo transire non possunt, omnino statuendum est. Ad haec particulae crassiores interstitiis amplissimis ab invicem distare debent, ut particulae tenuiores per corpora omnia liberrimè trajiciantur, agantque aequaliter in omnes eorum particulas.

Nisi enim per corpora densissima liberrimè transeant, non facile penetrabunt ad Planetarum Centra; et nisi eiusque facillime pervolent, non agent in materiam centralem eodem impetu, quo in superficialem feruntur. Errant igitur qui corporum particulas minimas, admodum particularum arenae aut lapidum coacervatorum confertim jungunt. Si particulae aliquae tam dense constipentur, causa gravitans minus aget, in interiores, quam in exteriores, et si gravitas desinet esse proportionalis materia. Excogitandae sunt aliae particularum texturae quibus interstitia earum reddantur amplissima. Et haec sunt necessariae conditiones Hypotheseos, per quam gravitas explicatur Mechanice. Hiijus autem generis Hypothesis est unica, per quam Gravitas explicari potest, eamque Geometra Ingeniossimus Pr. F a t i u s primus excogitavit. Et vacuum ad ejus constitutionem requiritur, cum particulae tenuiores motibus et rectilineis et longe rapidissimis et uniformiter continuatis, in omnes partes ferri debeant; neque resistentiam ullam sentire, nisi ubi in particulas crassiores impingunt. Vacuum igitur, cum ex hac hypothesi, aeque ac ex 3ª et 4ª sequatur, omnino dabitur. Idem concluditur ex motu projectilium * * * *

Sophisma illud vulgare, quod ex natura Corporum in extensione posita contra vacuum adduci solet inhil moror; cum corpora non tam extensio sint, quam extensa, et ab extensione per soliditatem suam, et mobilitatem, et vim resistendi, ac duritiem omnino distinguantur. Nam dura sunt omnia corpora prima seu minima, ex quibus reliqua componentur. Coroll. 5. Corpora longe rariora esse quam credi solet, jam ante insinuavimus, et ex hac etiam Propos. consequitur. Nam cum aquâ novendecim vicibus levior sit quam aurum sibi magnitudine aequale, ut notum est, hoc etiam erit rarior in eadem ratione; adeoque si aurum omnino solidum esset, aqua in massam solidam condensata evaderet novendecim vicibus minor quam prius, adeoque octodecim haberet partes Vacui, ad unam Materiae. Aurum vero solidum non est sed Poris abundat. Ab ingredientibus enim Aquis acidis dissolvitur, et Argentum vivum per poros eius ad partes omnes interiores facile penetrat, eosque ad Centrum usque dealbat. Sed et aqua pluvialis, in Sphaera vel auria vel plunbea vehementer compressa, permeat Poros Metalli, et per sphaeram adhuc integram, et fissuris omnino vacantem, percolatur, et undique excedat. ut ex Testibus occulatis et fide dignis audivi. Quinimo tanta est Pororum copia in Auro, ut actio Magnetis in Ferrum, per Aurum interpositum, liberrimè et absque diminutione sensibili propagetur. Aurum vero ex particulis maioribus, et has ex minoribus constare credendum est, et liquores jam dictos interstitia maiorum permeare, et magnetis effluvia per ea quoque minorum transire. Si proportio particularium utriusque generis ad ipsorum interstitia assumatur eadem quae est arenae ad eius loca Vacua, hoc est ea quae est numeri 4 ad num. 6 Vacuum in Auro erit ad eius materiam ut quinque ad duo circiter, et Vacuum in Aqua ad eius Materiam ut 65 ad 1. Et tamen partes aquae ita contextuntur inter se ut per compressionem condensari nequeant. Porro cum Aër in nostris Regionibus, sit nongendis vicibus levior quam Aqua; eius Materia solida vix implebit partem, quinquagesimam Millesimam Spatii per quod dilatatur. In Regionibus autem superioribus adhuc rarior ac rarior in infinitum. * * *

Haec est corporum Raritas minima quam fingere licet; at maximam definire per difficile est. Si quis enim Hypothesin excogitaverit qua corpus Aquae tam rarum esse possit, ut partibus suis solidis vix impleat partem sexagesimam magnitudinis suae, et tamen compressioni minimè cedat, hic facile intelliget, quomodo Aurum aeque rarum esse possit atque Aquam esse probavimus et quomodo raritas Aquae et Aëris augeatur in eadem ratione: Sed et Raritatem Auri et corporum omnium pro lubitu augebit. Certe Raritas Aquae per vulgares Hypotheses explicari nequit. Confugiendum est ad mirabilem aliquam et valde artificiosam particularum texturam, qua corpora omnia more retium effluviis Magneticis et radiis lucis quaqua versum pateant ac transitum liberrimum praebeant. Et per talem Hypothesin potest Raritas corporum pro lubitu augeri. Salia inter congelandum Figuras inducunt regulares, et eorum aliqua, ut Nitrum et Sal Ammonicum in ramos semper abeunt. Quidni prima rerum omnium Semina, vi Naturae, in figuras retiformes geometrice coeant.

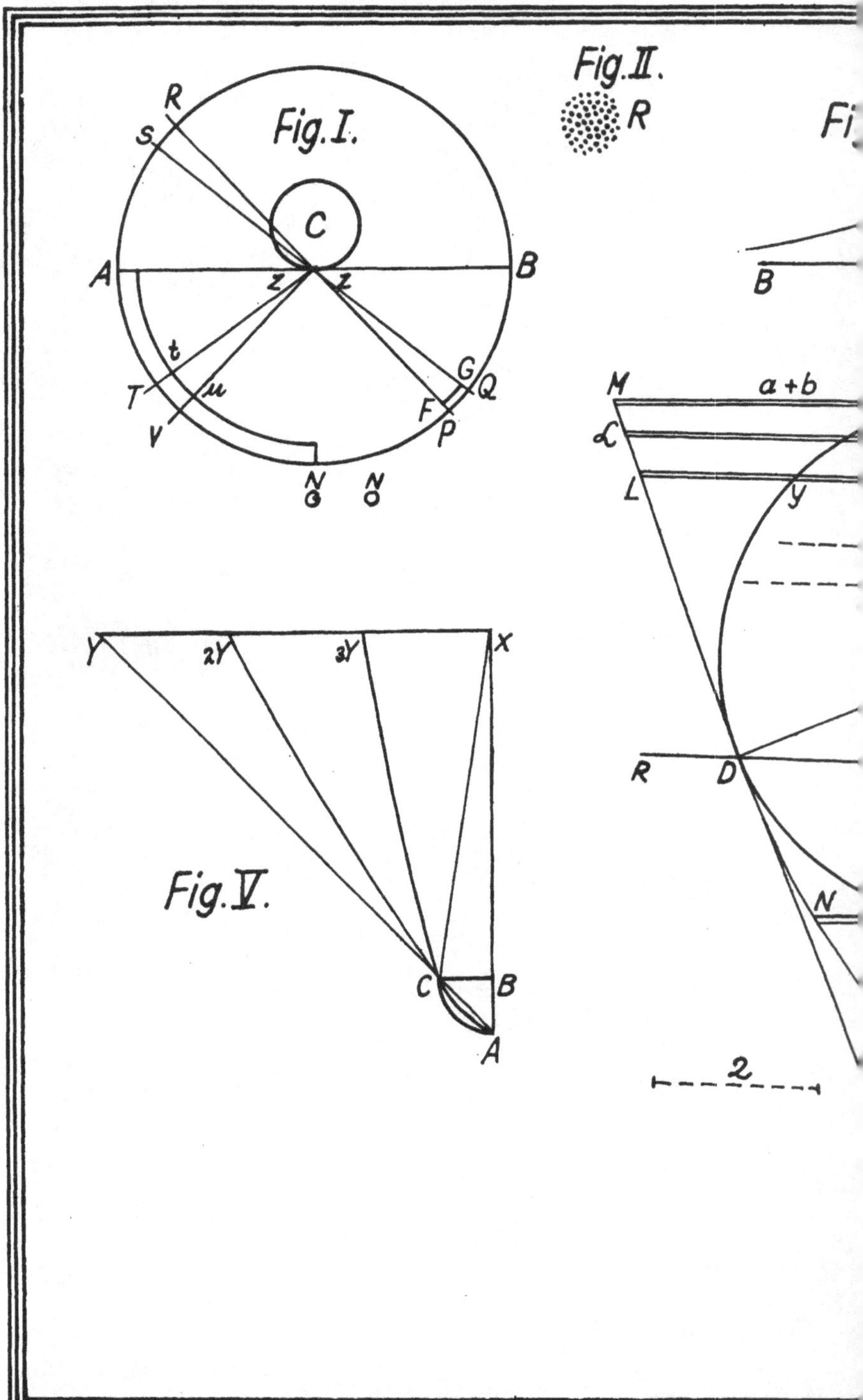
Fig. I.
R
S
C
A
B
z
z
t
T
u
V
G
Q
F
P
N
Fig. II.
R
B
M
a + b
L
y
R
D
N
2
Fig. V.
Y
2Y
3Y
X
C
B
A

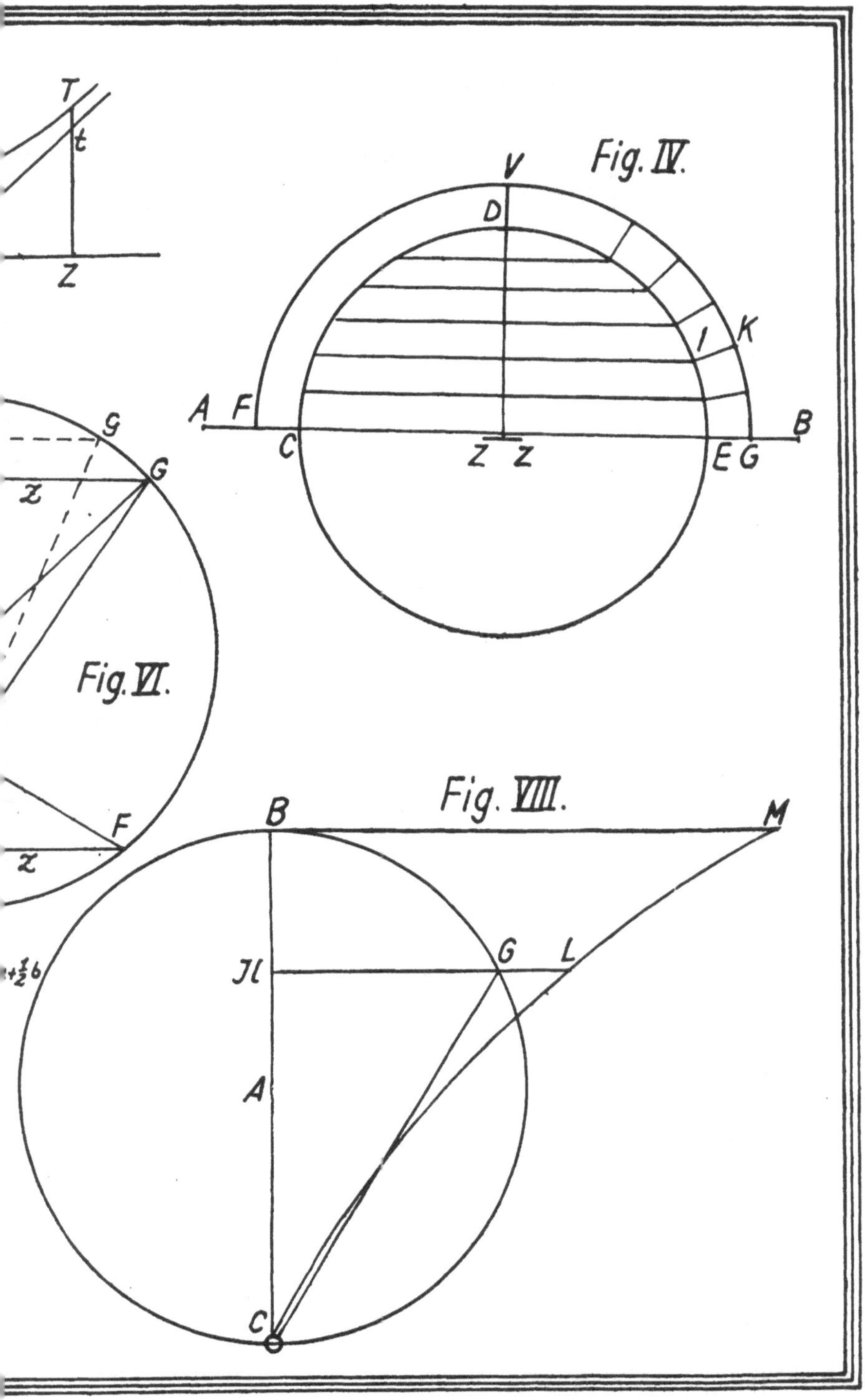
T
t
Z
Fig. IV.
V
D
I
K
A
F
C
Z Z
E
G
B
g
G
z
Fig. VI.
F
z
Fig. VIII.
B
M
G
L
A
C

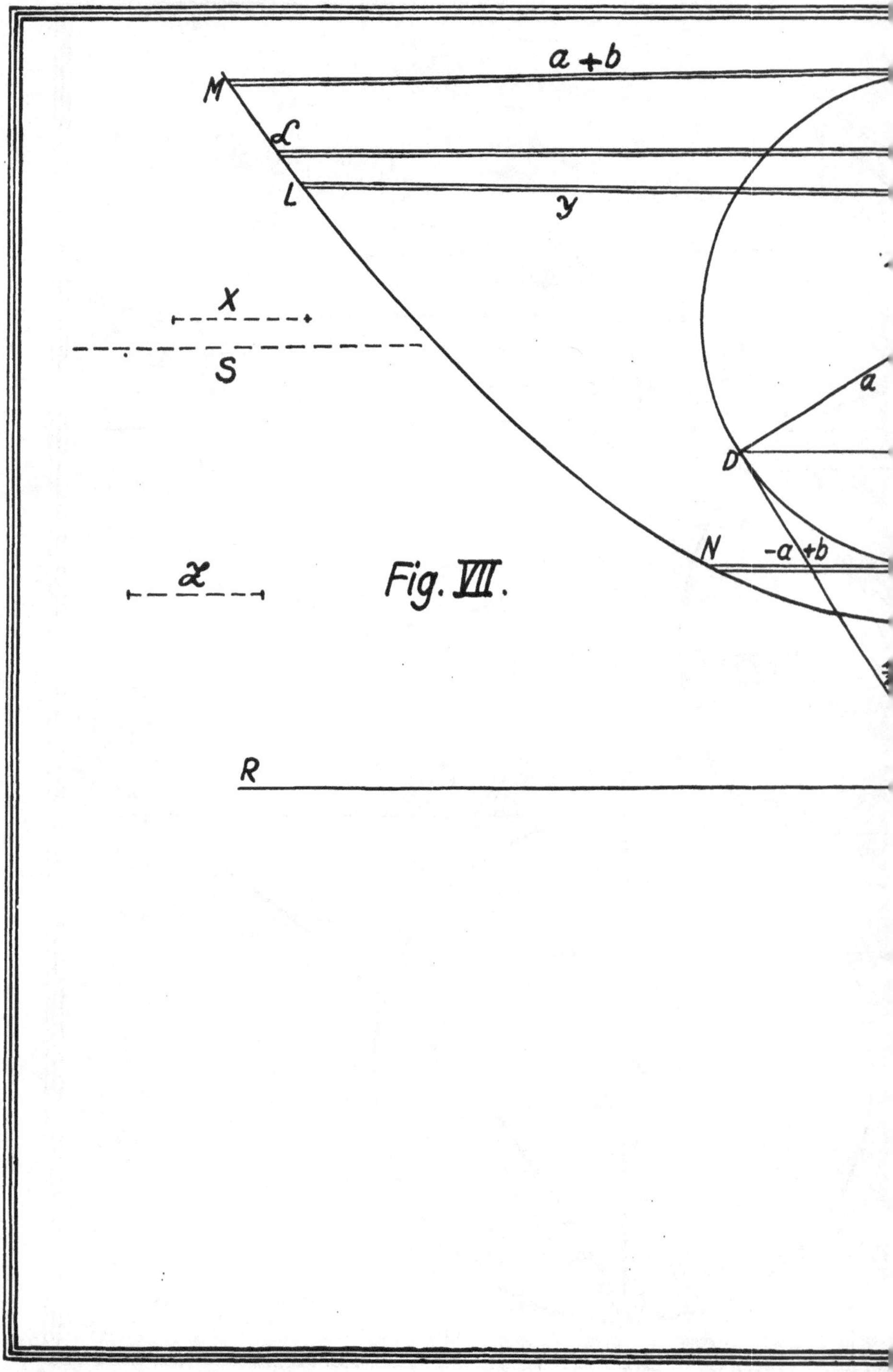

Fig. VII.

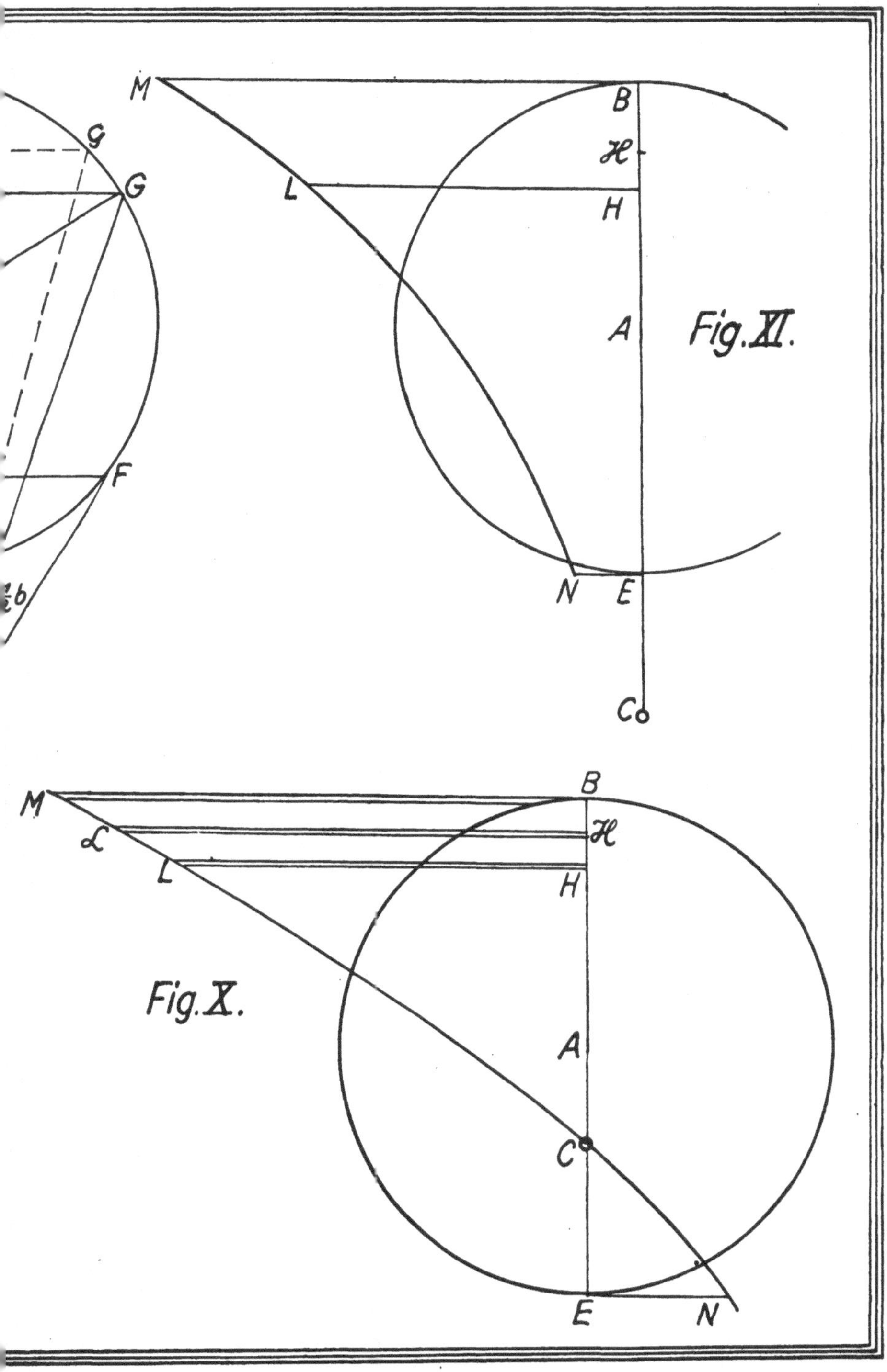
M
B
ℋ
L
H
A
Fig. XI.
N
E
C
G
F
Fig. X.
M
B
ℒ
ℋ
L
H
A
C
E
N

Kolibri 360 GmbH
Ferdinand-Jühlke-Straße 7
99095 Erfurt, Deutschland
produktsicherheit@kolibri360.de